도서출판 시공문화사
120-796, 서울시 서대문구 현저동 200 극동 5층
등록 1993년 3월 12일
발행인 김기현

Spacetime Publisher
5F Kukdong bldg, #200 Hyunjeo-dong, Seodaemun-ku
Seoul, 120-796, Korea
Tel: +82 2 3147 1212, 2323
Fax: +82 2 3147 2626
www.spacetime.co.kr
spacetime@korea.com
Publisher_Kim Ki Hyun

architectuREpublic
http://architecturepublic.blogspot.com/
architecturepublic@gmail.com
creative director _sungminlee
editor _sungminlee, yeonjung kim, hyojin bae
translator _taewoong yoon, hyojin bae

design _typepage(www.typepage.com)

architectuREpublic
edited by sungminlee

MATTERS OF MATERIAL

CONCRETE
GLASS
STEEL

spacetime publisher

Contents

생산 방식의 변화는 재료의 고유한 성질에 대한 무한한 가능성을 낳았다. 놀라운 속도로 발전된 기술은 구축의 방식에 한정되어 있던 전형적인 유형의 건축으로부터 건축가들을 해방시켰고, 새로운 재료와 구조가 주는 상상력은 건축의 주요한 모티브로 건축을 발생시키는 요소로 자리 잡았다. 원재료가 갖는 고유의 성질은 건축가에 의해 의도적으로 삭제되거나 적극적으로 활용됨으로써 물리적 성질로 재가공되며, 구체적이고 감각적으로 표현된다. 물성은 프로그램의 재현과 개념의 구축에 관련한 모든 환경적 조건과 반응하며 형상화되고 조직화된다. 재료는 건축가들이 기하학적인 언어로 건축의 형태를 통제하고 건물의 다양한 구성요소들을 유기적으로 통합하면서 새로운 형태나 공간의 성질에도 관련하고 있다. 모홀리 나기는 공간을 체험한다는 것은 건물의 기능을 충족시키는 데 필요한 요소가 엇갈려 하나의 공간이 되었을 때 이루어지는 것으로 다른 현실성, 다른 재료로 생각하고 끊임없이 긴장하고 있는 것을 통해 비로소 공간 조형을 논할 수 있다고 보았다.[1] 시각과 촉각의 경험은 인간의 움직임과 관계하며, 재료의 물성이나 구조의 방식은 이러한 경험을 증폭시키거나 축소할 수 있다.

"나는 모형을 확대해 놓은 것과 같은 건물을 싫어한다. 나는 건축적인 흐름의 각 단계에 재료의 결, 디테일의 정교함에서 얻어지는 지각과 연결이 가능한 프락탈적인 접근에 관심이 많다. 나는 전체의 과정에 걸쳐서 장의 깊이에 대한 이 작업을 발전시키고자 한다.", 장 누벨[2]

도시의 혼돈, 그것은 시간과 연관된 공감각적인 레이어가 중첩되면서 만들어낸 혼탁한 이미지다. 흐릿한 도시 원경의 이미지는 점차 그 실체에 근접할수록 현대 건축의 정교한 디테일과 재료적 질감으로 뚜렷해진다. 사람들은 혁신적인 기술이 이루어 낸 구조와 재료의 결합에 열광하고, 재료가 가지는 역학적 잠재력을 드러내는 이상적인 구조방식은 진정한 건축으로 평가받는다. 지금 이 순간에도 수없이 탄생되고 있을 새로운 재료들과 그와 어울릴만한 구조방식 중에서도, 이 책에서는 모두 고대부터 사용됐으나, 생산 기술이 공업화되면서 고대 건축에서 완전히 벗어나 새로운 건축으로 평가받는 근대 건축을 낳은 콘크리트, 유리, 철에 대하여 살펴보고자 한다. 시간을 가지고 진행된 재료의 발전된 역사는 현대에서 완성된 건축의 진정성으로 그 힘을 발휘한다.

이성민 / architecturepublic@gmail.com
sungminlee / editor / architectuREpublic / seoul / 2007

[1]모홀로 나기, 재료에서 건축으로 1998, p.194/재료의 물성 표현에 영향을 주는 요인 연구, 김소희, 한국실내디자인학회논문집 제15권 6호 통권 59호, 2006

[2]자크 루캉, 프랑스 현대건축의 역사와 이론 1940-2000, 시공문화사, 2006, pp447

Concrete

"오귀스트 페레가 철근 콘크리트에 대해 이야기 했을 때, 그는 골조와 채우기를 생각했다. 하지만 더 진전됨이 없이 한 가지 방식에만 갇혀 있었다. 오귀스트 페레는 빚고 붓고 주조하는 재료인 철근 콘크리트의 조형에서의 모든 건축적인 가능성에 대해서는 알려하지 않았다."

피에르 바고, 강렬한 삶, 2000/ 자크 루캉, 프랑스 현대건축의 역사와 이론 1940-2000, 시공문화사, 2006, pp156

Function: Church

Project archiect: Le Corbusier, José Oubrerie

Photographer: Roland Halbe

Client: Saint-Etienne Métropole

Sainte Pierre, Firminy

-Le Corbusier's Final Project

Firminy, France
Le Corbusier + José Oubrerie
1961-2006

부활한 르 코르뷔지에의 신화

- 셍 피에를(Saint-Pierre)

건축의 조형정신을 열창하며 근대라는 시대의 상징적인 풍경을 만들어 낸 르 코르뷔지에(Le Corbusier)의 사후 40여 년 만에 그의 마지막 유작이라 불리는 '셍 피에를(Saint-Pierre) 교회'가 지난 2006년 11월 완공되어 대중에게 공개되었다. 앙드레 블록(Andre Bloc)은 "교회는 건축의 최후 피난처 중 하나이다."라고 말하였다. 그는 건축의 조형정신이 사라져가고 건축가가 건물 짓는 사람의 역할로 축소되어 가는 세상에서 교회는 건축가가 형태의 초월성을 통하여 정신성을 획득할 수 있는 마지막 프로그램 중의 하나라고 생각했다. 셍 피에를 교회를 진행할 쯤 르 코르뷔지에가 완성한 '롱샹교회(Notre Dame du Haut at Ronchamp, 1955)'는 그의 다른 작품들에서 보여주던 일정한 배치상의 규칙에서 벗어나 풍경에 반응하는 메아리소리처럼 유연하고 생동감 넘치는 정확성을 드러내고 있으며, 그것은 움직이고 휘는 힘을 숨긴 형태, 물질 속에 갇히면서도 생동하는 듯이 느끼는 것, 즉 '자연스러운 사실'을 만들어냈다는 평가를 받았다. 이렇게 조형을 탐구하는 방식을 르 코르뷔지에는 '형태분야에서의 음향학'이라고 서술했다. 자연에 대한 직접적인 모사가 아닌, 인간의 질서인 기하학을 건축 위에 재구성하는 것, 단순화된 형태 안에 구성된 감동을 위한 하나의 장치로서의 건축, 우리는 르 코르뷔지에가 작곡한 풍경의 소리를 '셍 피에를(Saint-Pierre) 교회'을 통해 다시 들을 수 있을까?

1953년 의젠느 클로디우스 프티(Eugène Claudius Petit)는 피르미니(Firminy)의 시장으로 선출되었는데 그는 아테네 헌장을 적용한 근대적인 도시계획을 선보이기를 원했다. 그는 문화원, 유니테 다비따시옹(Unité d'Habitation) 그리고 셍 피에를 교회와 같은 특별한 건물계획을 위해 르 코르뷔지에에게 도움을 청하였다. 이 단지 계획은 조형적으로 다른 높이로 구성된 건물이 지형을 따라 배치되면서 열린 체계를 표방하고 있는데, 셍 피에르 교회는 이 단지에서 미완성으로 남게 되었다. 계획 당시부터 르 코르뷔지에와 함께 작업을 진행하였던 조세 오브리에리(José Oubrerie)는 1965년 르 코르뷔지에의 죽음 이후에도 프로젝트에 대한 연구를 지속하였다. 이후 1970년 5월, 르 코르뷔지에 재단의 펀드로 첫 번째 공사가 다시 시작되었으나 전체 규모의 절반 정도가 완성될 쯤 공사는 자금 조성의 부족으로 또다시 중단된다. 그러나 남겨진 건물이 1995년 정부로부터 역사적인 랜드마크로 지정되면서, 2002년 4월 잠재적인 유적으로의 가치를 지각한 셍 에티엔느(Saint-Etienne) 지방에서 건물을 완성하기로 결정하고 공사가 재개되었다. 이 시기에는 먼저 지어진 건물을 수리하는 작업과 당시의 재료를 재활용하면서 베이스 위로 올려질 철근 콘크리트 쉘을 완성하는 작업이 진행되었다. 2006년 11월, 마침내 셍 에티엔느 메트로폴(Saint-Etienne Métropole)의 중요한 유적 중 하나인 '셍 피에를(Saint-Pierre)'는 지역의 발전을 도모하기 위한 도심 재생의 목적을 가지고 '르 코르뷔지에'의 이름으로 다시 부활하게 되었다. 이 프로젝트에는 예술, 기능, 미학, 산업의 결합과 현대와 전통과 지역 사이의 통합이라는 특별한 의미가 담겨 있다.

르 코르뷔지에가 그린 대지에 대한 초기 스케치는 큐브, 피라미드, 원뿔로 된 아주 간단한 기하하적 구성을 보여주고 있으며, 기념비적인 구조물은 전체적으로 인상적인 콘크리트 베이스 위로 급상승하는 비대칭의 원뿔 모양을 하고 있다. 건축가가 가졌던 건축과 회화와 조각의 결합에 대한 관심은 교회 안팎에서 고스란히 드러난다. 교회의 모습은 명료하게 식별할 수 있는 요소들로 구성된 기하학적인 형태에 구체적인 기능들이 삽입되면서 '형태적 장치'가 고안되었다. 하늘을 향해 솟다가 태양을 향해 살짝 고개 돌린 22센티미터의 콘크리트 벽에는 오리온 성좌가 새겨져 있고, 교회내부는 성당의 스테인드글라스를 재해석하여 만들어진 색이 칠해진 구멍 사이로 비스듬히 쏟아지는 빛이 재단을 밝히고 있다.

현재 프랑스 법은 교회에 정부의 지출을 금지하고 있으므로 셍 피에를(Saint-Pierre)은 교회로서 종교적인 건물이기보다는 문화적인 건물로 구별되었나. 그 때문에 2층의 주요 예배공간은 공연 공간으로 용도가 변경되었고, 지상층은 신부들의 주거공간과 일요학교에서 셍 에티엔느 현대 미술관의 전시공간으로 사용하게 되었다. 난방, 환기 시스템은 현대 건물 코드에 맞게 설계될 필요가 있었다. 이러한 이유로 이번 프로젝트를 이끌던 조세 오브리에리는 르 코르뷔지에의 디자인을 최대한 존중하면서 현대의 기능에 맞는 건물로 완성하기 위한 마지막 조정 작업에 심혈을 기울였다. 현대에 맞춰 변경된 건축적 요소들은 학계에서 이 작품을 '르 코르뷔지에의 작품으로 볼 수 있는가'라는 격렬한 논쟁을 불러 일으켰다. 그러나 건물이 완성될 때까지 현장의 조건에 따라 수시로 건축적 요소들이 변경될 수 있는 건축 진행 과정을 생각한다면 이러한 논쟁을 불필요하게 여겨진다.

생 피에를 곳곳에 사용된 건축적 장치들 즉, 빛의 체험, 건축적 산책로, 램프, 노출 콘크리트의 화려함, 경사진 바닥 등과 같은 르 코르뷔지에의 사상은 현대에서 완공된 건축물이나 새로운 제안들 사이에서 여전히 모방과 영감의 원천으로 그 역할을 담당하며 끈질긴 생명력을 지속하고 있다.

이성민 / architectuREpublic

참고 문헌:

[1]자크 루캉, 프랑스 현대건축의 역사와 이론 1940-2000, 시공문화사, 2006

[2]도미나가 유주루, 르 코르뷔지에-자연, 기하학, 그리고 인간, 르네싱스, 2005

[3]A French church carries the legacy of Le Corbusier, Nicolai Ouroussoff, The New York Times, July 31, 2006

[4]A Concrete Testament-Le Corbusier's Final Project, Stefan Simons, Spiegel online, November 30, 2006

Firminy, France
Le Corbusier + José Oubrerie
1961-2006

Mercedes Benz Museum

Stuttgart, Germany
UN studio
2001-2006

Function:	Museum
Total floor area:	53,000m^2
Project architect:	Ben van Berkel, Caroline Bos, Tobias Wallisser
Photographer:	Christian Richters
Client:	Daimler Chrysler Immobilien(DCI) GmbH
Structural Engineer:	Werner Sobek Ingenieure

Mercedes Benz Museum

Stuttgart, Germany
UN studio
2001-2006

21세기 박물관

메르세데스 벤츠(Mercedes-Benz)박물관은 관람객으로 하여금 그들이 박물관에 와있는다는 사실을 완전히 잊게 한다. 하지만, 이전의 박물관 형식에서는 생기지 않을 법한 일이 일어나는 것은 아니다. 박물관의 작품들은 바로 우리 시대의 문화를 대신한다. 전시된 작품들은 다른 현대 예술 작품들보다 친근하게 다가와 우리에게 분명하게 말하고 있다. 무의식적으로 우리는 알고 있다. 뉴욕에 현대미술관을 들어갈 때 우리가 가장 먼저 주목하게 되는 것은 예술 작품이 아닌 머리 위에 떠있는 헬리콥터이다. 이 헬리콥터는 메르세데스 벤츠 박물관에 전시된 자동차와 그 역사와 마찬가지로 우리 사회에서 실재하고 있는 문제와 업적에 대해 말하고 있다.

사람들은 박물관에 가는 것을 좋아하지만 대부분의 사람들이 엘 그레코(El Greco) 나 페르메이르(Vermeer)의 유랑 괴물 쇼에 가고 싶어하는 것처럼, 사람들은 특별한 박물관에 가는 것을 더 좋아한다. 모든 것을 갖춘 커다란 창고형 박물관을 구석구석 목적 없이 배회하기보다는 뭔가 특별한 것에 사람들은 더 끌린다. 가장 큰 규모를 가진 일반박물관은 루브르박물관이다. 반대로 가장 못 미치는 곳은 V&A이다. 하지만, 가장 중요한 것은 주요 작품과 나머지 작품 사이의 상대적인 비율이다. 오늘날 희귀하거나 아주 뛰어난 가치를 지닌 작품들은 모두 적당한 자리에 배치되었다. 그래서 앞으로 박물관은 방향성 없는 일반 컬렉션보다는 전문화된 컬렉션을 전시하여 작품이 의미하는 바를 강하게 전달하고, 이러한 방식을 통해 문화에 이바지할 것이다.

새로운 형식의 박물관을 위한 발명

예술작품과 유물의 전시는 나름의 역사와 전통 그리고 정석이라는 것을 가지고 있다. 모든 것은 항상 나은 방향으로 전개될 수 있기에 우리는 이러한 관습에 도전하고자 한다. 새롭다는 것, 다르다는 것은 매력적이다. 결국에는 이러한 도전이 실패하더라도, 사람들에게 새로운 시각을 제시함으로써 그 역할을 충실히 해낼 것이다. 하지만, 한편으로 우리는 전시물보다 건물에 대한 사람들의 관심이 커질 것을 우려하였다. 예술을 생산하는 오브제가 당연히 더 많은 관심을 받아야 한다. 우리는 작품들을 높고 낮은 받침대 위에 배치하고자 한다. 우리의 야심은 세계 최고의 상점에서 진열된 상품들이 매력을 뿜어 내며 사람들의 갈망과 감탄을 불러일으키는 것만큼이나 전시 작품들을 훌륭하게 보이도록 하는 것이다.

우리가 박물관에 작품들을 받침대 위에 올려놓으려 한다는 말은 은유적인 표현이라기보다 글자 그대로를 의미한다. 받침대는 올바른 관점을 만들기 위해 꼭 필요하다. 각각의 작품은 그에 걸맞은 받침대를 갖게 된다. 고전과 현대 조각가들은 이 점을 잘 알고 있었다. 받침대를 만드는 거장인 베르니니(Bernini)와 브란쿠시(Brancusi)도 있으니 말이다. 우리는 그들이 했던 것과 같은 방식을 가지고 규모 면에서 확대된 메르세데스 벤츠 박물관에 적용하고자 한다. 우리는 받침대를 건축의 과정으로 포괄하고 있다. 레전드 룸에는 개별의 받침대 대신 반구형 경사로를 두어 다양한 각도로 관찰할 수 있도록 하였다. 관람객들은 경사로를 따라 걸으면서 조금씩 다르게 높거나 낮게, 가까이 혹은 멀리, 정면으로나 비스듬한 각도로 보이는 자동차를 관람하게 될 것이다. 높은 계단을 통해 접근하게 되는 컬렉션룸에서는 관람객은 자동차들과 같은 높이에 있게 된다. 메르세데스 벤츠 박물관에서 받침대 위에 놓이게 되는 건 정작 관람객들일지도 모른다.

다양한 높이에서 나뭇잎모양의 전시공간을 내려다보면 파노라마 장면이 연출된다. 우리는 관람객들이 각각의 전시물에 집중하는 것을 돕는 일뿐 아니라 개별 작품이 전체 전시와 연관되어 인식되도록 하는 문제에 대해서 관심을 기울이고 있다. 긴 받침대와 넓게 파노라마 장면을 연출하고 있는 공간과 더불어 박물관에 새로운 형식의 공간을 형성하는 동시에 박물관 공간에서 우리가 싫어하는 공간의 배치를 뒤엎을 수 있게 한다. 우리가 싫어하는 공간은 관람객이 들어섰을 때 마치 한대 얻어맞는 기분이라도 드는 것처럼 전체를 볼 수 없는 과도하게 크거나 높은 공간이다. 관람객들의 시야가 제한되지 않도록 하면서 작품에 대한 깊은 감상이 가능한 환경을 조성하는 것이 우리의 가장 큰 목표이다. 우리는 작품과 작품이 있는 공간 그리고 주변의 다른 작품들과 외부세계와의 관계에서 어떤 강렬한 시각적 경험을 얻어내고자 한다. 메르세데스 벤츠 박물관에서는 자동차들과 외부 도로들뿐 아니라 멀리 슈투가르트 외곽에 펼쳐진 언덕 위 포도밭도 볼 수 있다.

박물관 건축

박물관 구축의 성공은 내부 공간의 배열에 대한 창의성과 적절성 여부에 달려 있다. 위대한 박물관을 만드는 것은 상징적 겉모습만은 아니다. 메르세데스 벤츠 박물관의 독특한 형태를 설명하기 위해서 우리는 20세기의 박물관 건축에 있어 커다란 변화를 일으켰던 세 건축물을 비교하고자 한다. 미스 반 데로에의 베를린 국립미술관은 넓은 스팬과 기둥이 없는 전시실이 특징이다. 복잡하게 얽힌 로드베어링 방식의 도입으로 메르세데스 벤츠 박물관도 각각의 공간들이 서로 자유로이 흘러드는 막힘 없는 공간을 만들었다. 이러한 건축 방식은 가장 획기적인 박물관 형태인 프랭크 로이드 라이트가 설계한 뉴욕 구겐하임의 나선형 구조를 도입하고 있다. 구겐하임의 경사로는 내부 중심부를 선회하지만, 벤츠 박물관에서는 관람객들이 두 개로 엮인 나선형 경사로 중 하나를 선택할 수 있다. 나선형 구조는 로저스와 피아노가 설계한 파리의 퐁피두 센터처럼 건물 외부로 드러나 있어 주변을 더욱 활기차게 하며, 대중의 흥미를 강하게 유도한다. 퐁피두 센터는 설비에 대한 흥미로운 시도로 건축계에 혁신을 일으켰다. 메르세데스 벤츠 박물관 역시 설비를 건축의 수준으로 끌어올렸으나 외부로 드러내기 보다는 포괄적 디자인 개념으로 통합한다.

건축을 위한 건축

메르세데스 벤츠 박물관의 가치는 몇 가지 기본적인 공간원리를 한데 묶어 완전하게 새로운 형식을 창조한 것에 있다. 그것은 건축이 부분적으로 박물관의 기능, 주변 상황, 건축 자체의 원리에 속한 질문과 이해관계에 대해 반응한 결과이다. 지난 30년 혹은 그 이상의 시간 동안에 생성된 수많은 건축적 개념에서 최대의 관심사는 모더니스트들이 만들어 놓은 입방체를 더욱 역동적인 사선의 배치로 대체하는 것이었다. 우리는 작업 시작단계부터 비선형의 선과 평면을 도입해 왔다. 우리가 본보기로 삼은 역사적인 사례들은 모두 모더니스트들의 원리에 벗어나는 것들이었다. 하지만, 건축가들은 사선을 모두 다른 방식으로 해석하며 그들에게 사선의 의미 또한 각기 다르다.

우리는 동선의 움직임, 방향성과 건물 내부에서 사람들 사이의 소통을 이끌어 내는 수단으로 사선에 대해 집중하였다. 벽, 바닥면, 천장 사이에 생기는 각도는 하나의 대상으로 시선을 집중하게 한다. 이러한 요소의 반복은 역설적이게도 차분한 분위기를 이끌어 낸다. 사선의 배치는 시선의 분산을 최소한으로 막아주기 때문에 박물관에 이상적이다. 메르세데스 벤츠 박물관처럼 반복되는 사선요소는 우리가 충분히 실험해 왔던 또 다른 건축적 요소인 '곡선'과 결합할 때 더욱 두드러진다. 비스듬한 면이 대칭적인 곡선과 만나면서 깊고 비대칭적인 공간을 형성하는 것이 설계도면과 건물 파사드에서 드러난다.

곡선과 사선의 조화는 1990년대에 중요한 건축적 주제였던 접힘(folding)면을 만들어 낸다. 폴드(Fold)란 주로 매우 가시적은 방식으로 형체를 만들어 내게 되는데, 메스세데스 벤츠 박물관에서는 우리가 정한 내제적 형식에 따라 겉으로 드러나지는 않는다. 그러한 개념은 시공과정, 구조시스템, 채광장치, 서로 다른 두 개의 전시공간을 분리하거나 결합하는 방식에서 표현된다.

타임머신

박물관 관람객의 동선은 사선의 면들에 의해 이끌리게 된다. 연대기 순으로 배열된 자동차들이 나선의 궤도를 따라 펼쳐지고 수평면에 의해 균형을 유지하면서 안정감을 준다. 자동차에 대한 이야기를 풀어나가는 공간 방식은 단순히 차례로 전시물을 늘어놓는 대신에 자동차의 이동성을 표현하고 있다. 여기서 표현되고 있는 이동성과 기계장치들은 메르세데스 벤츠 박물관과 이번 전시의 본질이다.

건축에는 기계에 대한 경외심이 깊게 배어있는데 많은 건축가들은 효율성, 기술력, 간결성, 기계의 현대성을 그들의 건축물 안에 담아 내고자 고군분투한다. 메르세데스 벤츠 박물관은 자신이 기계 그 자체임을 알리고 있다. 반짝거리는 몸체는 모든 것을 받아들이며 사람들의 시선을 사로잡는다. 인간의 움직임을 말해주는 모든 것들이 그대로 노출된다. 우리가 계속 걸으면 대상은 서서히 우리의 시선에서 사라져간다. 우리는 점차로 그것을 뒤로한 채 멀어진다. 기계는 거기에 그대로 있지만 정작 움직이는 것은 우리 자신이 된다.

건축물은 비대칭의 조각품처럼 우리의 주위를 돌고 틀어진다. 지금 우리는 관람객과 전시물을 보고 있지만, 그렇지 않기도 하다. 끝없이 소용돌이치듯 펼쳐지는 전시된 자동차들을 모두 관람하려면 6시간 정도가 소요된다. 아마도 박물관 전체를 꼼꼼히 관람하려면 여러 번 박물관을 찾아야만 할 것이다. 어떤 곳에서는 우리가 정확히 어디에 있는지 알기가 어렵다. 우리는 잘못된 공간에 맞는 공간에 있을 수도 있고 맞는 공간에서 전혀 잘못된 공간에 있을 수도 있다. 건물은 끝없이 펼쳐지며 우리를 놀라게 한다. 하지만, 우리가 길을 잃는 일은 없다.

The Museum of the Twenty-first Century

The Mercedes-Benz Museum makes everyone forget that they are in a museum. None of the problems that make the traditional museum less and less sustainable occur. The works around you belong to no other culture than your own. They are much closer to you and speak more clearly to you than most of today's art. Subliminally, we already know this: now, when you enter the MoMA in New York, the first important object you encounter is not art, but a helicopter that floats above your head. The helicopter speaks to us about the achievements and the problems of our society, as do the cars and their history in the Mercedes-Benz Museum.

People like going to museums, but above all people like going to special museums, just as they like those roving monster shows showing all the works of El Greco or Vermeer. They just get more out of them than wandering aimlessly around all those big warehouse type of museums that have a bit of everything. At the top of the scale of the generalist museum is the Louvre; at the bottom is the V & A, it all depends upon the right proportion of highlights in relation to the rest. Today, the exceptional, top pieces are all in place. The future therefore belongs to specialist collections that communicate strongly what they are about and in this way stimulate culture far more than generalist collections without direction.

Inventions for a new museology

The display of art and artifacts has its own history, its own traditions, and its own dogmas. We like to challenge these conventions because everything can always be better. Things that are new and different are appealing. Even if eventually they don't work out, they will have fulfilled a role in making everyone see stuff in a fresh way. At the same time, we worry about the fact that at the moment the interest in the architecture of museums almost surpasses the interest in the works that are inside them. The objects that culture produces deserve more attention. We want to put art, high and low, back on its pedestal. Our museological ambition is to make the objects in the museum look just as good as the merchandise in the greatest shops in the world, so that they fascinate and evoke the same amount of admiration and longing

When we say we are thinking about putting the objects in the museum back on pedestals we mean this less metaphorically than literally. Pedestals are vital in generating the right viewpoints; each work must have its own, precise platform. Classical and Modern sculptors knew this. The masters of the pedestal are Bernini and Brancusi. In the Mercedes-Benz Museum we do exactly the same as they did, but on a larger scale. We integrate the pedestal into the architecture. Instead of individual plinths, in the Legend Rooms we have made semi-circular ramps to generate different perspectives. You see the cars alternately from higher, lower, closer and more distant, frontal and more oblique points of view as you move around them. In the Collections Rooms you gain access via a high staircase and then you find yourselves at equal level with the cars. Maybe you could say that in the Mercedes-Benz Museum it is the visitor who is put on a pedestal.

Viewing the leaf-shaped exhibition spaces from variable heights generates panoramic overviews. We are not just interested in helping the visitor to find a focus on each object, but also in the question of the perception of the individual work in relation to the exhibition as a whole. Together, the long pedestal and the panoramic room produce a new type of museological space, reacting against spatial arrangements that we dislike in museums. We don't like, for instance, rooms that are overly large or high, which, when you enter them, feel like a slap in the face and which never let you see the whole. It is our ambition to make an environment that stimulates contemplation, but by other means than enforcing a restricted optical field. We want to achieve an intense visual experience by relating the work to the space it is in, to other works in its vicinity, and to the outside world. In the Mercedes-Benz Museum you can look past the cars and see road outside, and beyond that the vineyards on the rolling hills at the outskirts of Stuttgart.

Museum Architecture

The success of a museum structure depends upon the inventiveness and adequacy of its internal arrangement of spaces. It's not the iconic face that makes a museum great. To explain the unique structure of the Mercedes-Benz Museum we compare it to three buildings that have made an enormous difference to museum architecture in the twentieth century. The National Gallery by Mies van der Rohe in Berlin is characterized by large-span, column-free exhibition rooms. The same effect of free, unobstructed spaces flowing into each other is achieved in the Mercedes-Benz Museum thanks to its intricate load bearing construction. This construction system, in turn, is integrated with the circulation system, which takes up and transforms the most challenging museum structure of all: Frank Lloyd Wright's Guggenheim in New York. The Guggenheim ramp circles down the inner core, but in the Mercedes Benz Museum the visitors take one of two interweaving spirals down. This circulation system, like Rogers' and Piano's Centre Pompidou in Paris is placed on the outside of the building to enliven the surroundings and to make a compellingly inviting gesture to the public. The Centre Pompidou revolutionized architecture by making a play of the technical installations. The Mercedes-Benz Museum also elevates the installations to the status of architecture, not by exposing them but by incorporating them in an inclusive design philosophy.

Architecture for the sake of architecture

The art of the Mercedes-Benz Museum is that it binds together several radical spatial principles, and generates a wholly new typology as a result. It does this partly in response to its museum function, partly in response to its peripheral situation, and partly in response to questions and concerns that belong to the discipline of architecture itself. One question that has generated a lot of architectural thinking for the last three decades or so, has been the replacement of the modernist cube by a more dynamic constellation of oblique surfaces. The application of non-straight lines and planes has been present in our work from the beginning. The teachers and historic examples we sought out have all worked outside the Modernist tradition. But architects interpret the oblique in different ways; to each architect the slanting line means something else.

We have focused on the oblique as a means to stimulate mobility, the sense of direction, and the communication between people in buildings. The use of angles in walls, floors and ceilings gives the eye something to focus on; the repetition of these elements paradoxically results in environments that are experienced as tranquil. As such the oblique condition is ideal for the museum since it brings into being spaces that provide minimum distraction. Especially, when, as in the Mercedes-Benz Museum, the repetition of oblique elements is combined with another architectural ingredient with which we have experimented profusely: the curve. The merging of oblique surfaces with symmetrical curves, engendering deep, asymmetrical spaces is found in the plans and the facades of the building.

The fusion of curvature and obliqueness produces folding surfaces the great architectural theme of the 1990-s. The fold, usually incarnated in a very visible way, has in the Mercedes-Benz Museum become invisible under our self-imposed regime of inclusiveness. It has become absorbed into the building's construction, structure-giving system, daylight-bringing device, and arrangement for separating and bringing together again the two types of different exhibition spaces.

Time machine

The mobility of the museum visitor is enforced by the oblique surfaces. The chronology of the car unfolds along a spiraling trajectory, which is counter-balanced by the horizontal platforms that provide restfulness. Telling the story of the car in this spatial manner, instead of simply hanging or placing objects next to each other is telling the story of automobility. Movement and the machines that produce it are intrinsic to the Museum and its contents.

The veneration of the machine runs deep in architecture; many architects have wanted to emulate the efficiency, the technological intelligence, the compactness, the very modernity of machines in their buildings. The Mercedes-Benz Museum showcases the machines themselves. The shiny objects can be approached from all sides and evoke the same focused attention in the viewer as that which caused their existence in the first place. All the details speaking of everyday human actions are exposed. As you walk on, the object only slowly fades from your angle of vision. Gradually, you leave it behind you. The machines are still; you are the one who moves.

The building twist and turns around you like a sculpture full of contrapposto; now you see things and people, now you don't. It would take you six hours to see every car, every display of the winding exhibition without ends. It will certainly take you several visits to figure the building out. At any point, it is difficult to know where you are precisely. You can be in the right space in the wrong place, or you can be in the right place in the wrong space. The building keeps unfolding, keeps surprising you. But you cannot lose your way.

Ben van Berkel
Caroline Bos

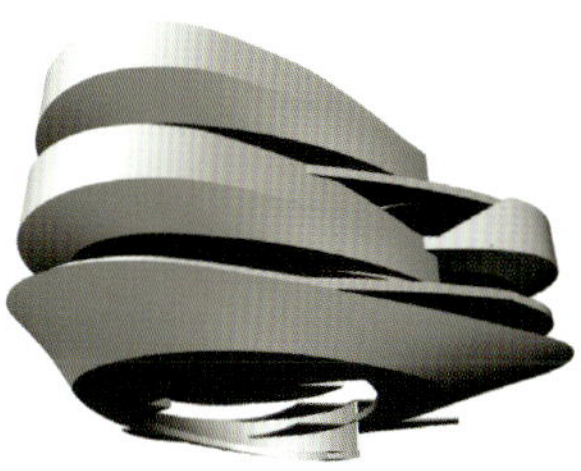

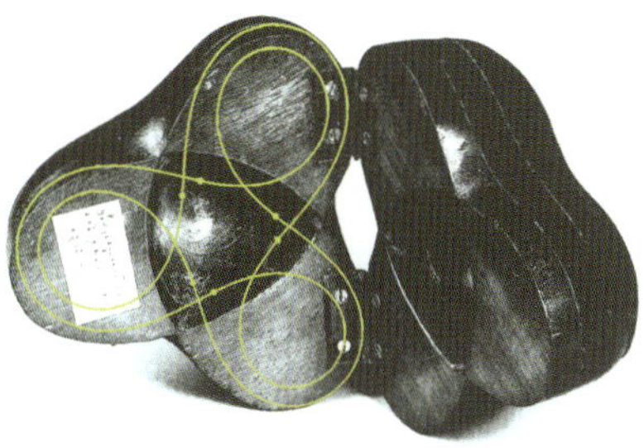

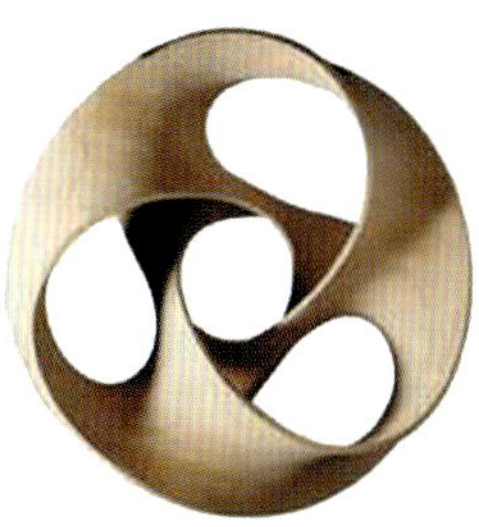

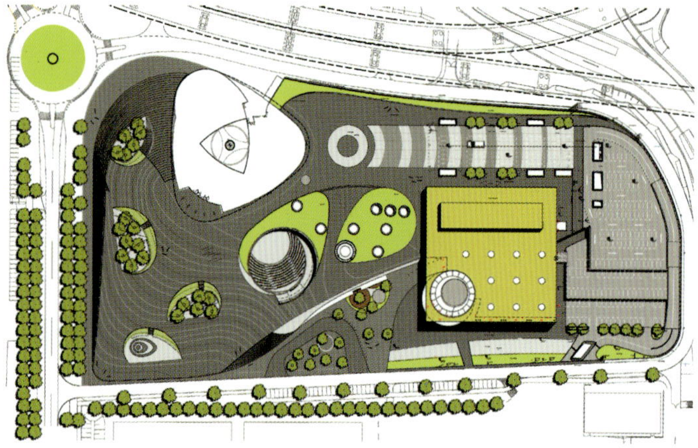

전설적인 자동차를 위한 새로운 박물관

메르세데스벤츠(Mercedes-Benz) 박물관은 슈투트가르트로 들어오는 B14번 간선도로 옆에 자리하고 있다. 박물관은 메르세데스벤츠사에서 제조한 160대의 자동차들로 구성된 역사적인 콜렉션으로 채워져 있다. 전시공간은 16,500제곱미터에 이른다. 메르세데스벤츠 박물관은 박물관으로서 새로운 건축 형태를 보여줌과 동시에 그 형태적 디자인으로 주변 지역 발전을 도모하고 있다. 기존의 메르세데스벤츠 박물관은 연간 450,000명의 방문객이 찾는, 슈투트가르트에서도 가장 방문객이 많은 장소 중 한 곳이었다.

"벤츠 박물관은 여러 가지 공간원리를 한데 묶어, 결과적으로 완전히 새로운 유형학(typology)을 생성해내고 있다. 그것은 부분적으로 박물관의 기능과 주변 지역의 상황과 건축 자체의 원리에 대한 개념과 질문들에 대한 결과이다.",벤 반 베르켈(Ben van Berkel)

디자인 형태

방문객들은 맨 위층에서부터 아래층으로 박물관을 관람하게 된다. 세 대의 엘리베이터가 아트리움 위쪽으로 이동하는 동안, 방문객은 멀티미디어 전시의 시연처럼 모습을 드러낸다. 엘리베이터는 방문객들이 그들의 눈높이에 맞춰 찢어진 눈처럼 생긴 창을 통해 아트리움 벽에 투영되는 메르세데스벤츠의 역사와 관련된 이미지를 볼 수 있는 캡슐처럼 보인다.

맨 위 시작점인 8층에서 관람객들은 아래로 향하는 두 개의 나선형 경사로 중 하나를 택하게 될 것이다. 첫 번째는 메르세데스벤츠의 역사에 대한 전시를 담은 레전드룸으로 연결되고, 또 다른 경사로는 자동차와 트럭의 콜렉션 룸으로 연결된다. 두 경사로는 계속해서 서로 교차하게 되며 DNA의 나선형의 가닥들처럼 서로 얽혀 있어 관람객들이 서로 다른 경사로로 이동할 수 있도록 한다.

"메르세데스벤츠 박물관의 형태는 토끼풀모양을 근거로 하고 있다. 클로버 잎 형태는 세 개의 원이 겹쳐져 형성된다. 하지만, 그 중심은 삼각형 모양의 아트리움이 있어 빈 공간을 형성하게 된다. 반원 형태의 바닥은 중앙의 아트리움에 한 두 개 층의 높이 차이를 두면서 수평으로 평평히 돌아가고 있다. 공간적으로는 복잡하지만, 겉으로 보기에 박물관의 형태는 클로버 모양으로 보이지 않는다. 강렬한 디자인 형태를 사용함으로써 우리는 기본 형태와 전시공간과 프로그램과 구조에 이르는 개념을 함께 구성할 수 있었다. 우리는 연대기 순으로 배치되는 전시공간을 통해서 어떻게 위에서 아래층으로 움직일 수 있을지에 대한 생각과 어떻게 타임머신처럼 관람객들이 건물의 끝자락을 따라 움직이는지에 대한 생각에 주목했다. 관람객들이 따라가는 동선은 선, 면, 입체 사이의 경계가 모호해지면서 벽체를, 천정을, 공간을 이루게 된다.", 벤 반 베르켈

끝없는 전시

두 가지 형태의 공간은 서로 정반대되는 특징을 갖고 있다. 레전드룸은 마치 극장의 공간처럼 인공적으로 밝혀진다. 감싸진 형태의 공간이다. 공간 내부로 들어가는 행위는 마치 무대에 오르는 것 같다. 콜렉션룸은 거대하고 넓은 창으로 둘러싸여 자연 채광을 받는다. 콜렉션에 전시된 자동차와 트럭들은 자동차의 발명에 헌정된 디스플레이이며 가장 위 층에 가장 오래된 두 대의 차를 시작으로 주제를 가지고 구성되었다. 그러나 연도별로 전시된 것은 아니다. 관람객은 자유롭게 시간 영역을 교차할 수 있다. 구조물은 사람들이 박물관을 방문한 것에 대한 매력과 영감으로 꿈을 꾸는 것처럼 떠돌 수 있도록 하는 동시에 구조물은 평범하지 않은 각도와 조망과 배경으로부터 각각의 아이템을 보는 전시를 관람객이 좀 더 의식적이고 다이나믹하게 서로 작용할 수 있도록 도모한다. 메르세데스벤츠 박물관에서 길을 찾는 방식이나 지향점은 직관적이고 개인적이다. 이 조직체는 관람객이 특정전시나 프로그램에 매력을 느낄 때 그것을 자연스럽게 따라가거나 벗어날 수 있도록 합리적인 구성을 제공한다.

"건축물은 비대칭의 조각품처럼 우리의 주위를 돌고 틀어진다. 우리는 관람객과 전시물을 보고 있지만 이내 시선에서 사라지기도 한다. 끝없이 소용돌이치듯 펼쳐지는 자동차들을 모두 관람하는데 6시간 정도가 소요된다. 아마도 박물관 전체를 꼼꼼히 관람하려면 여러 번 박물관을 찾아야만 할 것이다. 어떤 면에서 우리는 우리가 정확히 어디에 있는지 알기 어렵다. 우리는 잘못된 장소에서 맞는 것을 찾을 수도, 맞는 장소에서 전혀 잘못된 것을 찾을 수도 있다. 건물은 끝없이 펼쳐지기를 반복하며 우리를 놀라게 한다. 하지만, 우리가 길을 잃는 일은 없을 것이다.", 벤 반 베르켈

공동의 노력

복잡하고 획기적인 박물관의 특징은 디자인, 계획안, 계획안에 대한 이해, 이 모든 것에 대한 제한된 시간의 틀 덕분에 전문가적 지식의 다양한 형식들이 서로 결합되고 얽혀져 있다는 것이다. 이런 특징은 건축주인 다임러 크라이슬러 임모빌리언 (Daimler Chrysler Immobilien-DCI), 엔지니어들, 기후 전문가, 실내건축가들, 랜드스케이프 건축가들 그리고 전시 기획 디자이너들과의 집약적 협력에 의해 생겨났다.

"건물은 복잡하고, 마감시간은 촉박하였다. 하지만, 유일한 해결책은 가능한 최신의 컴퓨터 기술을 사용하여 건축물의 형태를 만들어 나가는 것뿐이었다. 디지털 방식으로 형태를 구성하는 것은 어떤 변경 사항에 대해서도 건물의 또 다른 측면에서의 변경에 대한 결과를 인지하면서, 효과적이고 즉각적으로 형태를 구성하는 것을 가능하게 한다.", 벤 반 베르켈

8
Ulm
Esslingen
S-Wangen
Großmarkt
10
400m
81
S-Zentrum
400m
De Vries
Transport

A new museum for a legendary car

The new Mercedes-Benz Museum is located next to highway B14 at the entrance of Stuttgart. The museum covers 16,500 m2 of exhibition space for the historical collection of Mercedes-Benz, which consists of 160 cars. In addition to the exhibition space the museum houses a museum shop, a restaurant, offices and a sky lobby. As well as a new museum building the design also includes the development of the surrounding landscape. With 450,000 visitors a year the existing Mercedes-Benz Museum is one of the most visited museums in Stuttgart.

Ben van Berkel: "The Mercedes-Benz Museum binds together several radical spatial principles, and generates a wholly new typology as a result. It does this partly in response to its museum function, partly in response to its peripheral situation, and partly in response to questions and concerns that belong to the discipline of architecture itself."

Design model

The visitor proceeds through the museum from top to bottom; during the ride up the atrium in one of the three elevators, visitors are shown a multimedia Preshow presentation. The elevators are like capsules with only a large slit at eye-level through which the visitor sees images of the history of Mercedes-Benz projected on the walls of the atrium.

From the starting point at the top, the +eight level, the visitor may take one of the two spiralling ramps down; the first chain-linking the connecting Legend rooms, which are the secondary displays related to the history of Mercedes-Benz, and the second the collection of cars and trucks. The two trajectories cross each other continuously, mimicking the interweaving strands of a DNA helix, and making it possible for the visitor to change trajectories.

Ben van Berkel: "The structure of the Mercedes-Benz Museum is based on a trefoil. The clover-leaf structure mathematically consists of three overlapping circles, of which the centre becomes a void forming a triangular atrium. The semi-circular floors rotate around the central atrium forming horizontal plateaus which alternate between double and single heights. It is spatially complex; you can not see the trefoil from the museum. By using the strong design model we were able to organise ideas of infrastructure, exhibition spaces, programme and even structure. We looked at ideas of how, by moving through the chronologically ordered exhibition spaces from top to bottom, visitors follow the edge line of the building like a time machine. The line you follow becomes a wall then a ceiling and then a space, blurring the distinction between line, surface and volume."

Endless exhibition

The two types of museum spaces have diametrically opposed characters. The Legend rooms are sheltered and artificially lit like theatrical spaces. Entering them is like entering a stage. The Collection rooms are exposed and day-lit, surrounded by huge, panoramic windows. The two aspects of the collection, the cars and the trucks are organized thematically starting with the two oldest cars at the top floor in the display dedicated to the invention of the car. The Legends are arranged in a chronological way. But this chronology is not rigid; the visitor is free to cross time zones. The structure enables the individual, dreamlike wandering that to our mind is part of the attraction and inspiration of the museum visit, but at the same time encourages the visitor to interact more consciously and dynamically with the displays by showing the items from unusual angles, perspectives and backgrounds. In the Mercedes-Benz Museum, wayfinding and orientation are intuitive and individual; the organisation offers a rational framework, which the visitor is free to follow or to deviate from when attracted by a specific display or program feature.

Ben van Berkel: "The building twists and turns around you like a sculpture full of contrapposto; now you see things and people, now you don't. It would take you six hours to see every car, every display of the winding exhibition without ends. It will certainly take you several visits to figure out the building. At any point, it is difficult to know where you are precisely. You can be in the right space in the wrong place, or you can be in the right place in the wrong space. The building keeps unfolding, keeps surprising you. But you can not loose your way."

Collaborative effort

Since the complex innovative character of the museum and the limited timeframe for designing, planning and realizing the project, various forms of expert knowledge have been combined and interwoven. This initiated an intense collaboration with the client DaimlerChrysler Immobilien (DCI) GmbH, engineers, climate experts, interior architects, landscape architects and exhibition concept designers.

Ben van Berkel: "The building is complex, the deadline was tight; the only solution was to control the geometry of the building as completely as possible using the latest computer technology. Digitally controlling the geometry made it possible to incorporate any kind of change quickly and efficiently, immediately knowing the effects of that change on all other aspects of the building."

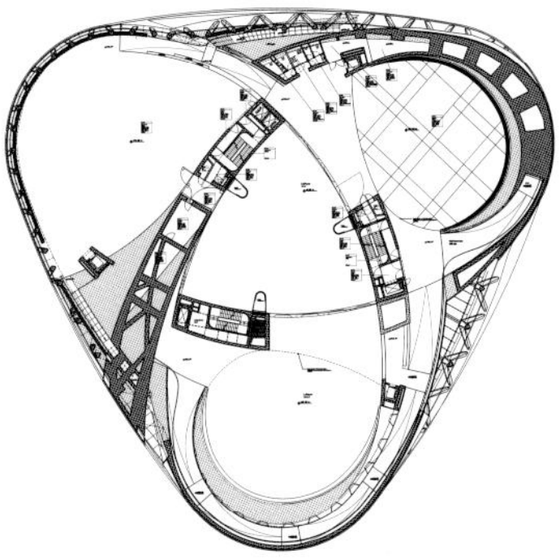

level 8 plan

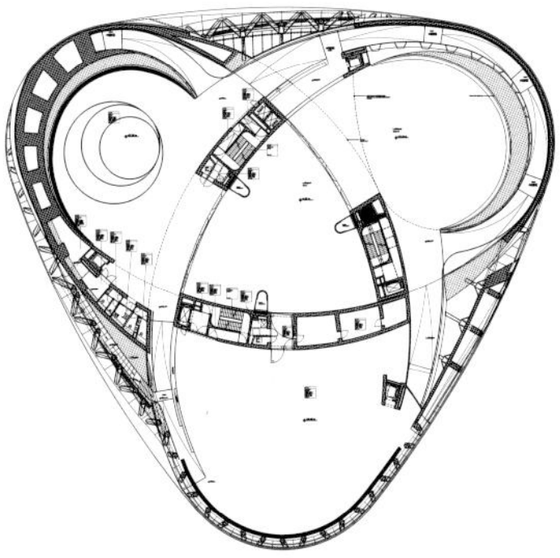

level 9 plan

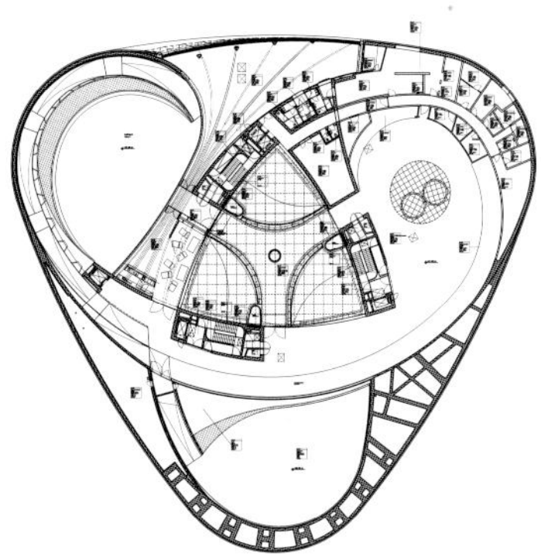

level 10 plan

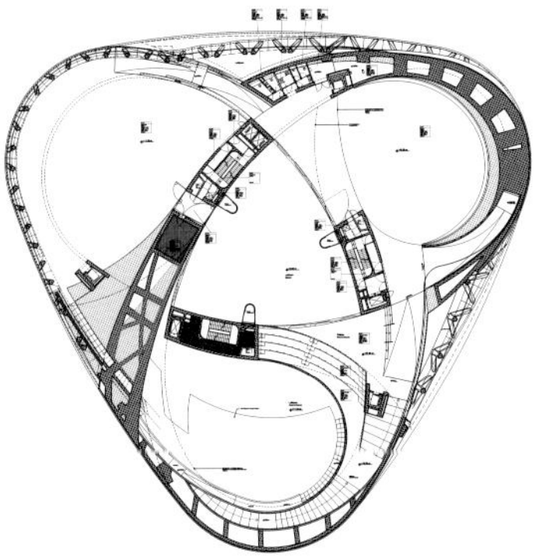

level 5 plan

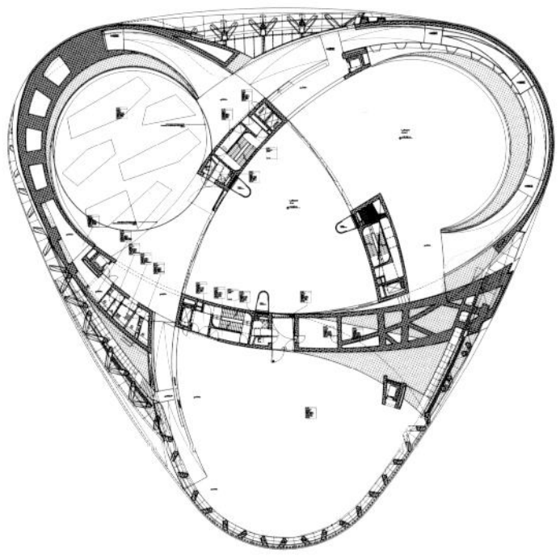

level 6 plan

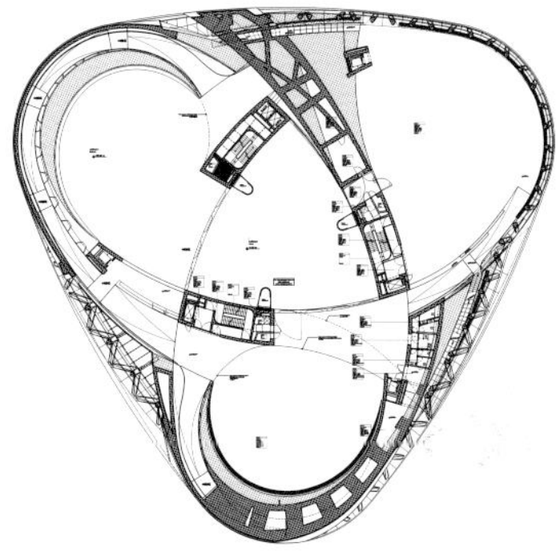

level 7 plan

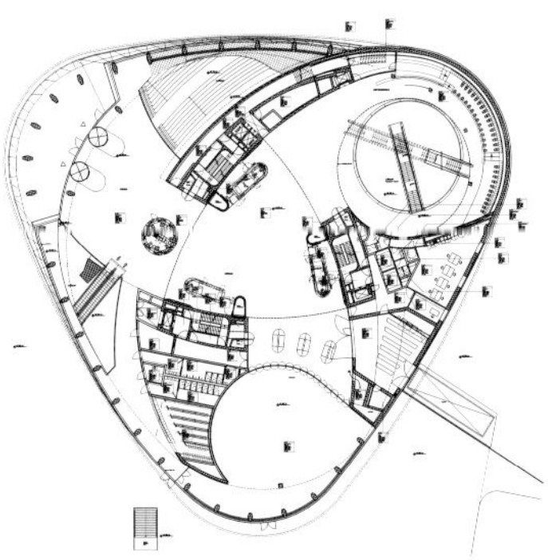

level 2 plan

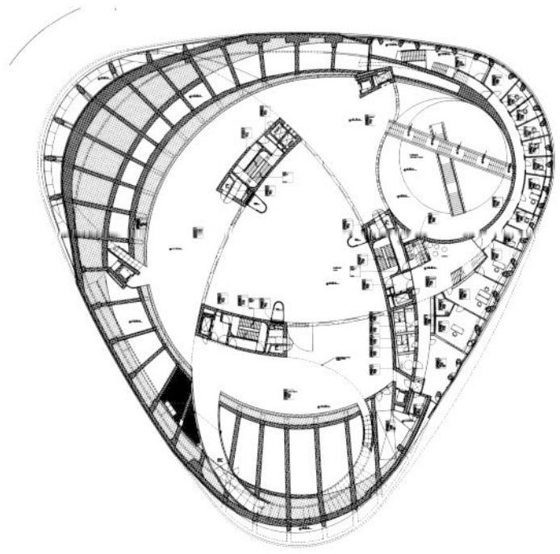

level 3 plan

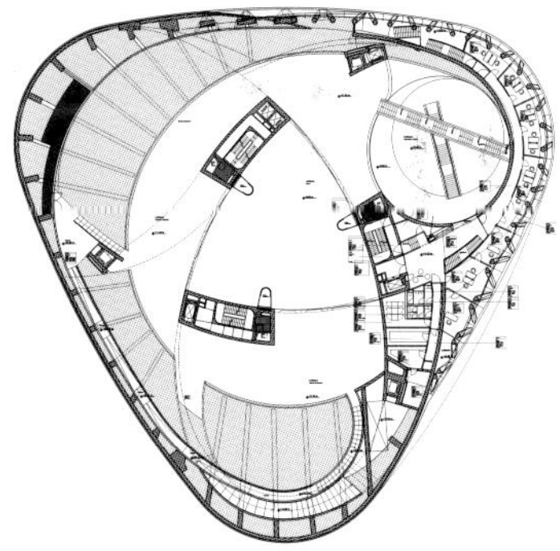

level 4 plan

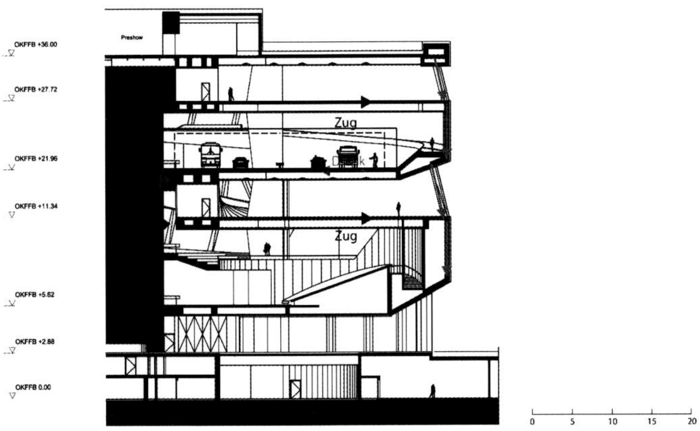

section

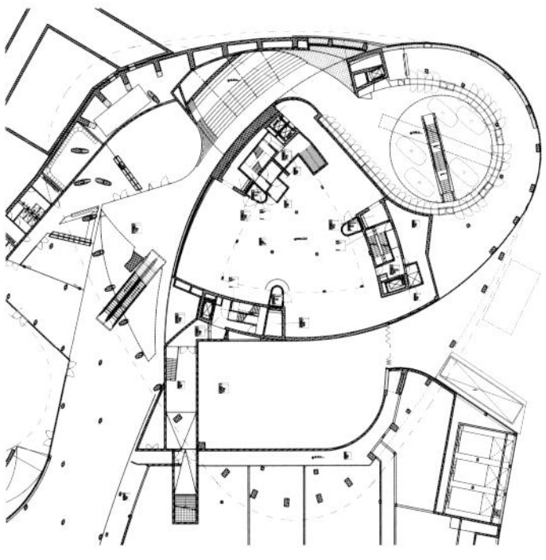

level 1 plan

Mercedes Benz Museum

Stuttgart, Germany
UN studio
2001-2006

construction engineering columns

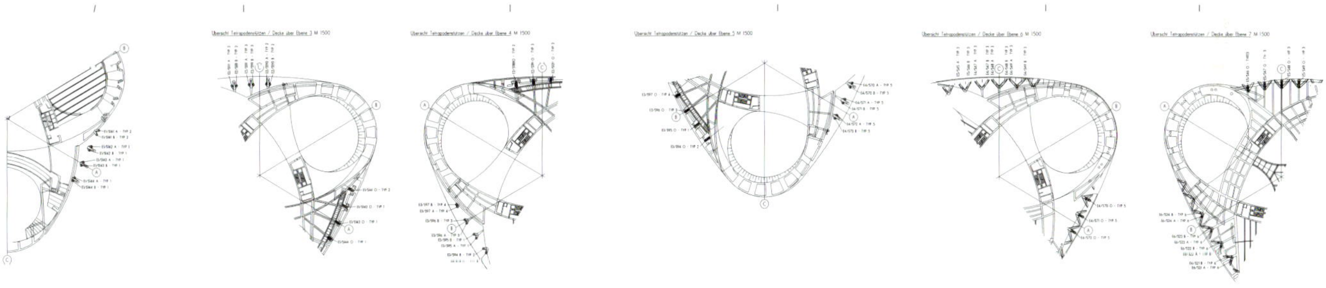

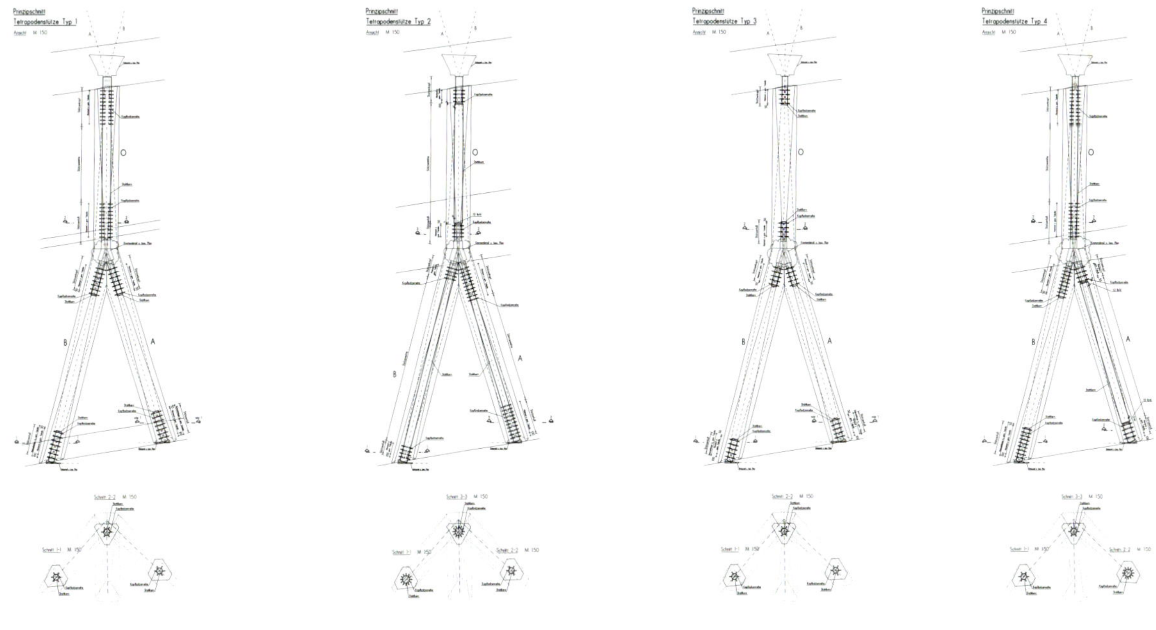

Tabelle für Tetrapoden-Stütze Typ 1

Pos.-Nr.	Stützenmitte: Stahlkerndurchmesser (mm)	Stützenmitte: Stahlkerngüte (St/StE)	Stützenkopf=Stützenfuß: Stützentyp Stahlbetonstütze	Stahlkerndurchmesser (mm)	Einbindelänge ho = hu (cm)	Kopfbolzenreihen x Anzahl der Lagen (Anz)	Abstand der Kopfbolzen in Kraftrichtung e (cm)	Stahlkerngüte (St/StE)	Kopfbolzen ld /hl
E3/S95 A	-	-	5	200	75	6 x 5	15	37	22/75
E3/S95 B	-	-	5	200	75	6 x 5	15	37	22/75
E3/S95 O	220*	52	-	220	127.5	6 x 10	12.5	52	22/75
E1/S142 A	-	-	8	200	102.5	6 x 8	12.5	52	22/75
E1/S142 B	-	-	7	200	105	6 x 7	15	52	22/75
E1/S142 O	240	52	-	240	115	6 x 9	12.5	52	22/75
E1/S143 A	-	-	8	200	102.5	6 x 8	12.5	52	22/75
E1/S143 B	-	-	7	200	105	6 x 7	15	52	22/75
E1/S143 O	220*	52		220	127.5	6 x 10	12.5	52	22/75
E1/S144 A	-	-	7	200	105	6 x 7	15	52	22/75
E1/S144 B	-	-	7	200	105	6 x 7	15	52	22/75
E1/S144 O	220*	52	-	220	127.5	6 x 10	12.5	52	22/75

* aus konstruktiven Gründen wurde entgegen der statischen Berechnung ein größerer Stahlkern gewählt

Tabelle für Tetrapoden-Stütze Typ 2

Pos.-Nr.	Stützenmitte: Stahlkerndurchmesser (mm)	Stützenmitte: Stahlkerngüte (St/StES)	Stützenkopf=Stützenfuß: Stützentyp Stahlbetonstütze	Stahlkerndurchmesser (mm)	Einbindelänge ho = hu (cm)	Kopfbolzenreihen x Anzahl der Lagen (Anz)	Abstand der Kopfbolzen in Kraftrichtung e (cm)	Stahlkerngüte (St/StE)	Kopfbolzen ld /hl
E3/S93 A	220*	52	-	220	127.5	6 x 10	12.5	52	22/75
E3/S94 B	260	52	-	260	95	12 x 9	10	52	16/50
E3/S94 O	300	52	-	260	85	12 x 8	10	52	16/50
E2/S118 A	220*	52	-	220	127.5	6 x 10	12.5	52	22/75
E2/S118 B	220	52	-	220	115	6 x 9	12.5	52	22/75
E2/S118 O	330	460	-	260	125	12 x 12	10	460	16/50
E2/S120 A	280	52	-	260	75	12 x 7	10	52	16/50
E2/S120 B	330	52	-	260	125	12 x 12	10	460	16/50
E2/S120 O	330	52	-	260	125	12 x 12	10	460	16/50
E1/S141 A	320	52	-	260	95	12 x 9	10	52	16/50
E1/S141 B	320	52	-	260	95	12 x 9	10	52	16/50
E1/S141 O	330	460	-	260	125	12 x 12	10	460	16/50

* aus konstruktiven Gründen wurde entgegen der statischen Berechnung ein größerer Stahlkern gewählt

Tabelle für Tetrapoden-Stütze Typ 3

Pos.-Nr.	Stützenkopf=Stützenfuß: Stützentyp Stahlbetonstütze	Stahlkerndurchmesser (mm)	Einbindelänge ho = hu (cm)	Kopfbolzenreihen x Anzahl der Lagen (Anz)	Abstand der Kopfbolzen in Kraftrichtung e (cm)	Stahlkerngüte (St/StE)	Kopfbolzen ld /hl
E5/S45 A	8	200	102.5	6 x 8	12.5	52	22/75
E5/S46 B	8	200	102.5	6 x 8	12.5	52	22/75
E5/S46 O	4	200	60	6 x 4	15	37	22/75
E5/S47 A	2	200	30	6 x 2	15	37	22/75
E5/S47 B	2	200	30	6 x 2	15	37	22/75
E5/S47 O	4	200	60	6 x 4	15	37	22/75
E5/S48 A	2	200	30	6 x 2	15	37	22/75
E5/S48 B	2	200	30	6 x 2	15	37	22/75
E5/S48 O	4	200	60	6 x 4	15	37	22/75
E5/S49 A	5	200	75	6 x 5	15	37	22/75
E5/S49 B	5	200	75	6 x 5	15	37	22/75
E5/S49 O	4	200	60	6 x 4	15	37	22/75
E3/S96 A	5	200	75	6 x 5	15	37	22/75
E3/S96 B	5	200	75	6 x 5	15	37	22/75
E3/S96 O	11	200	140	6 x 11	12.5	52	22/75
E2/S119 A	5	200	75	6 x 5	15	37	22/75
E2/S119 B	5	200	75	6 x 5	15	37	22/75
E2/S119 O	11	200	140	6 x 11	12.5	52	22/75

Tabelle für Tetrapoden-Stütze Typ 4

Pos.-Nr.	Stützenmitte: Stahlkerndurchmesser (mm)	Stützenmitte: Stahlkerngüte (St/StE)	Stützenkopf=Stützenfuß: Stützentyp Stahlbetonstütze	Stahlkerndurchmesser (mm)	Einbindelänge ho = hu (cm)	Kopfbolzenreihen x Anzahl der Lagen (Anz)	Abstand der Kopfbolzen in Kraftrichtung e (cm)	Stahlkerngüte (St/StE)	Kopfbolzen ld /hl
E3/S97 A	300	52	-	260	85	12 x 8	10	52	16/50
E3/S97 B	-	-	9	200	115	6 x 9	12.5	52	22/75
E3/S97 O	180	52	-	220	127.5	6 x 10	12.5	52	22/75

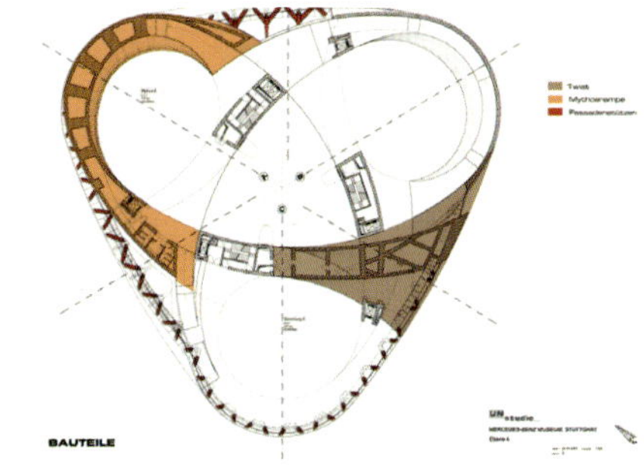

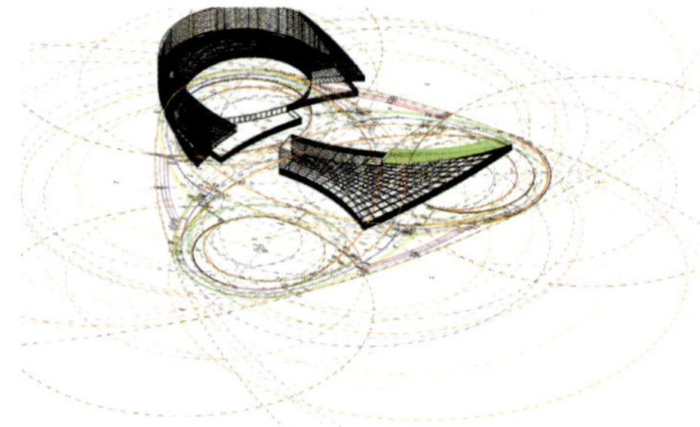

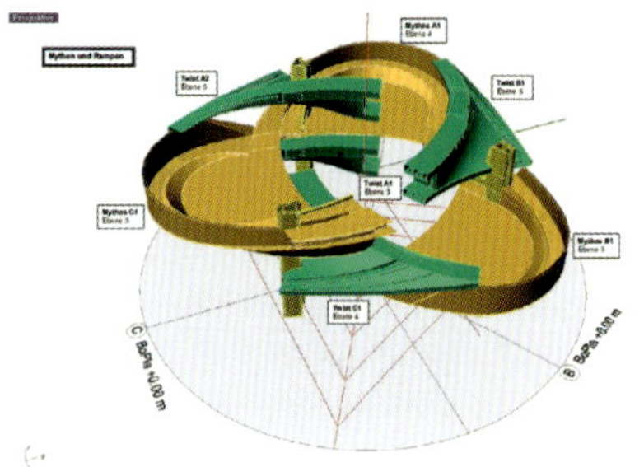

twist mock up

3D working model

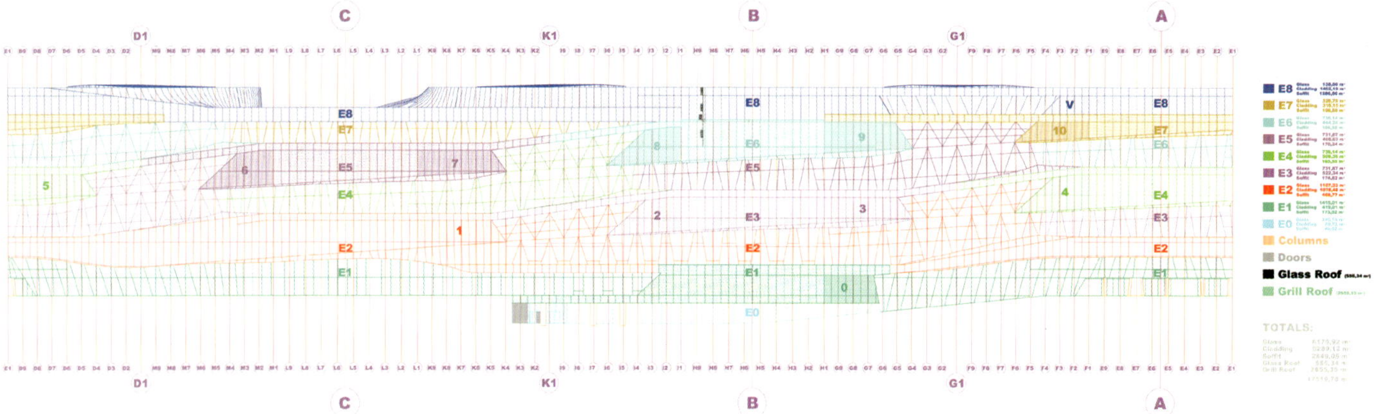

unfold elevation glass cladding

트위스트구조: 쌓아올린 삼엽형의 구조는 만들기 어려운 네 지점의 모멘트를 생성했다. 레전드 룸의 천장이 벽으로 이어지면서 코너를 돌며 옆 전시실로 연결되는 지점이다. 이 구조는 곡선을 이루면서 두 개의 층을 통합하는데, 윗 층은 테마전시실 앞의 계단의 기초를 만들고, 아랫층은 아치 모양의 개구부를 통해 아트리움을 연결하며 벤츠 박물관의 형태를 결정짓는 중요한 역할을 담당하고 있다. '트위스트'라 불리는 이 구조는 건물의 중심으로 외부로 뒤틀려지면서 연장된 곡선을 이루며, 빈 공간을 가진 박스 형태의 보로 중요한 구조적 역할도 담당한다.

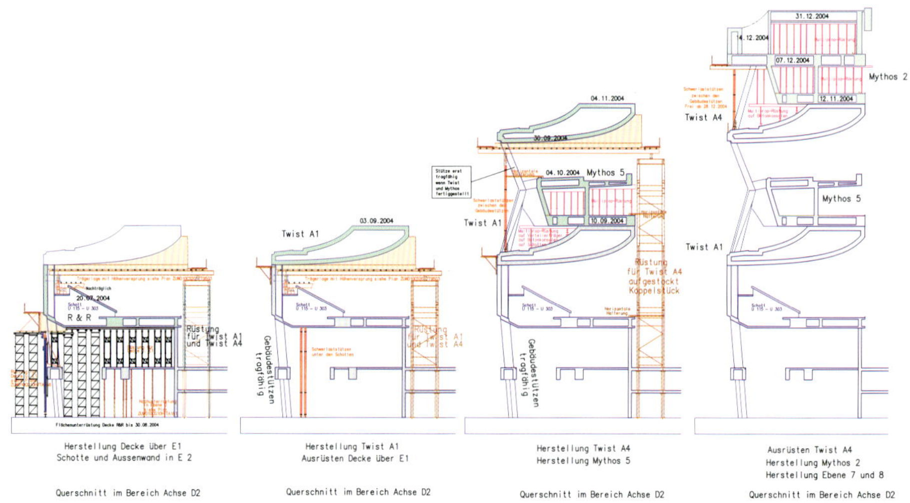

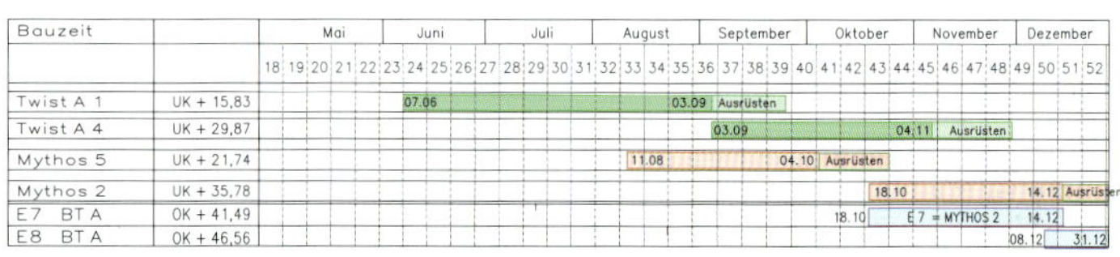

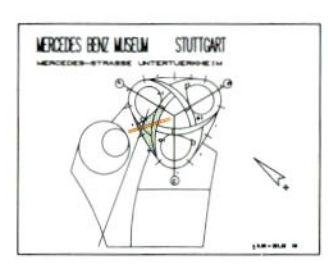

twist plan

build up the window facade

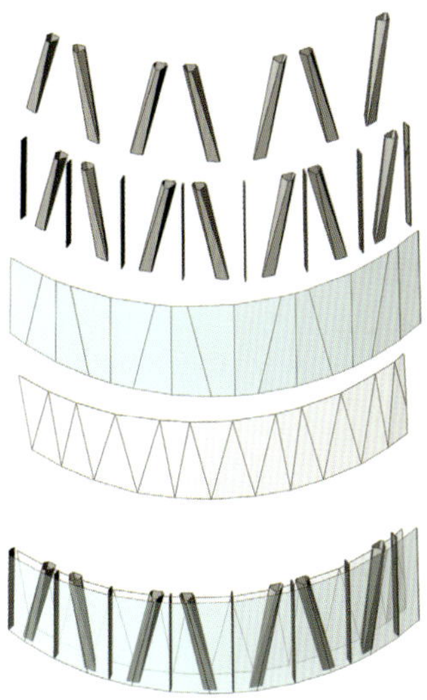

facade elements

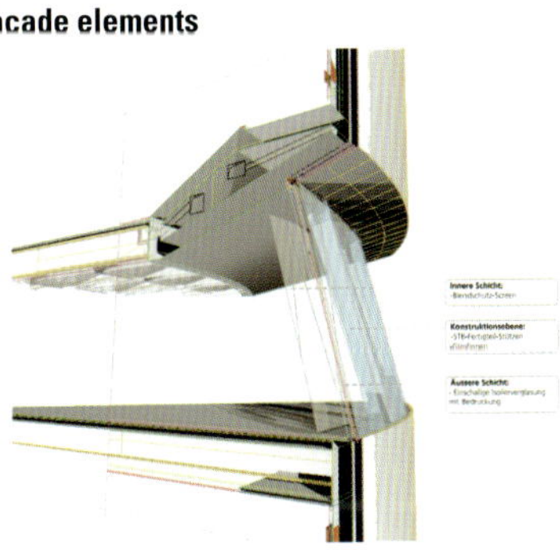

elevation

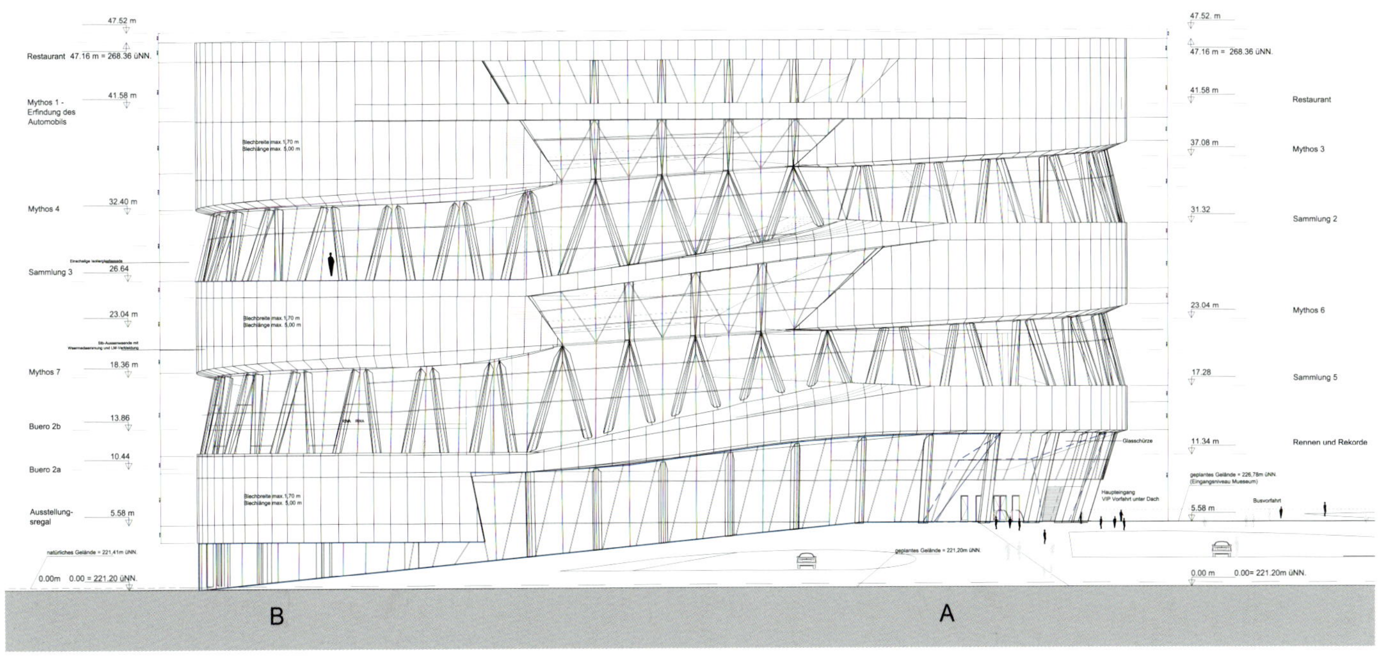

Function:	Industrial building
Total floor area:	25,000m^2
Design:	Zaha Hadid, Patrik Schumacher
Project architect:	Jim Heverin, Lars Teichmann
Photographer:	Roland Halbe
Structural Engineer:	M&E Engineer
Facade Consultant:	Radeburger Fensterbau/Schneider Fertigbau

BMW Central Building

Leipzig, Germany
Zaha Hadid Architects
2002-2005

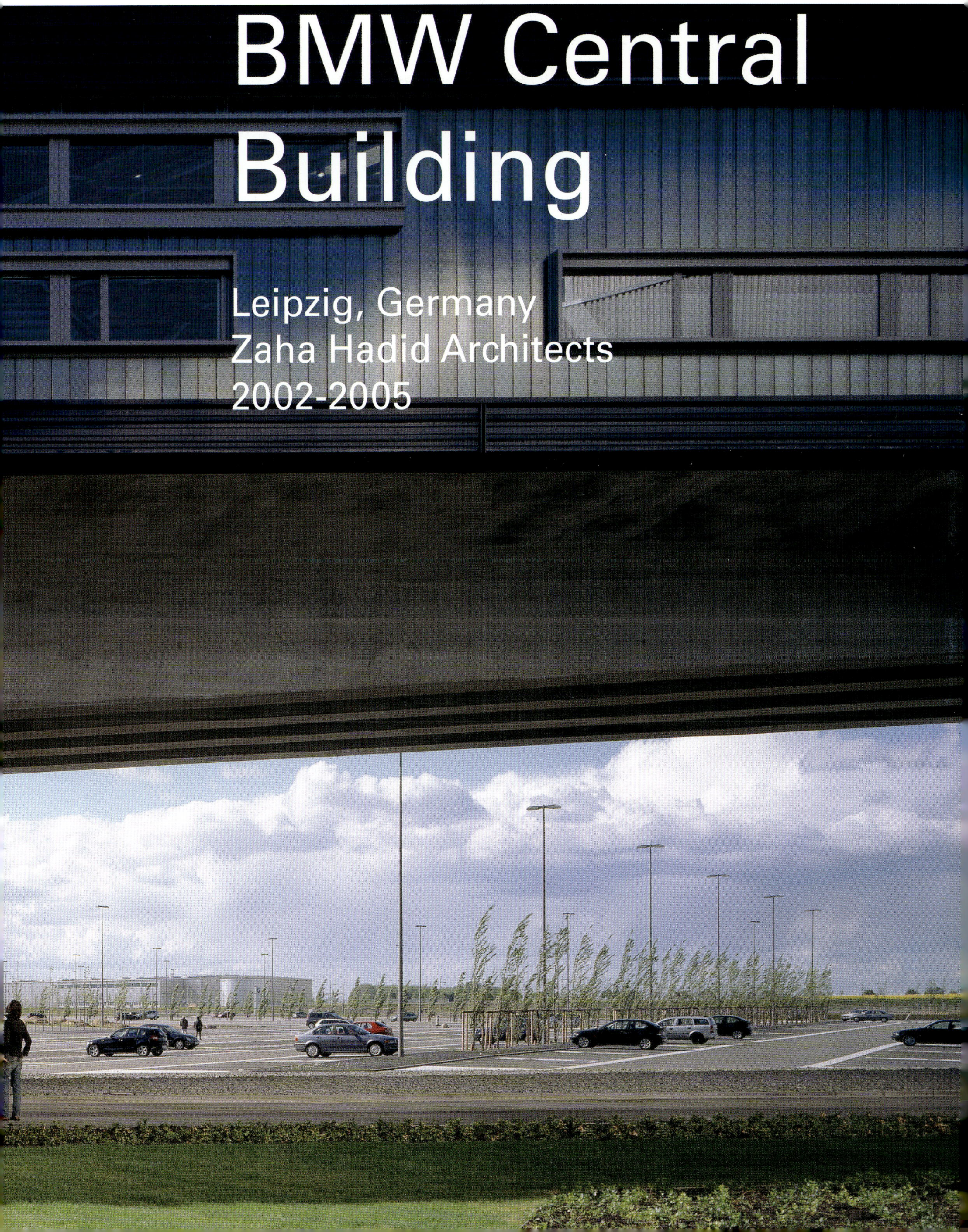

건축디자인

2004년 10월 BMW는 새로운 라이프치히(Leipzig)공장 내의 센트럴 빌딩으로 이전했다. 건물 디자인은 요구되는 기능성 내에서 연결성이나 투명성과 연관된 경험을 전달하는 열린 사무실 풍경에 대한 완전히 새로운 해석을 만들어낸다.

클라이언트

클라이언트의 목적은 산업건축물을 구상성과 기능적 필요 사항을 동시에 따르는 미적 개념으로 바꾸고자 하는 것이었다. 생산라인 홀과 공공 공간 사이의 변환지역에서 센트럴 빌딩은 제한된 기호학적 견지에서 바라보는 사람의 시선에 지속적으로 긍정적인 영향을 주는 '매개체'로 작용하게 하는 것이다.

계획상의 제약

센트럴 빌딩을 설계할 때 인접한 조립 건물의 계획과 배치는, 채워질 좁게 뻗은 탁 트인 대지를 제외하고 마무리되어 있었다. 공장의 남은 부분에 대해 미리 지정된 많은 협력 업체들과 함께 많은 장비를 사무실 공간에 대한 BMW의 산업적 접근법을 강조하여 기준 범위의 제품들로 선택하였다.

의사전달을 위한 결절점으로서의 센트럴 빌딩

센트럴 빌딩은 건물에서 일어나는 모든 활동이 모이고 또, 이곳으로부터 다시 뻗어나가는 전체 공장 단지의 중추이다. 결절점(knot)은 공장의 입구 역할을 하는 동시에 차체(body in white), 도장(paint shop), 조립(assembly) 등의 주요 생산 라인의 세 부분을 연결한다. 센트럴 빌딩에서 생성된 포스 필드는 공장의 이쪽 구역 전체를 조정하고 생기를 불어 넣는다. 이 대지에 집중된 모든 움직임은 세 개의 주요 생산 부문 사이에 끼인 압축실을 통해 한 군데로 모인다. 이러한 설계 전략은 근로자와 방문자의 순환로뿐만 아니라, 이 중앙 지점을 가로지르는 생산 라인에도 적용된다. 기업의 역동적 초점은 제안된 공장의 북쪽면 전체를 둘러싸면서 다양한 흐름이 집중되는 합류점이자 정점으로서 센트럴 빌딩을 통합하는 역동적인 공간구성 시스템 속에 잘 나타난다. '시장'으로서의 중앙부는 개인적인 것은 물론 행정적인 서비스도 이용할 수 있는 구역을 직원들에게 제공함으로써 커뮤니케이션을 향상시킨다. 건물의 조직은 공공적인 것에서 사적인 활동에 이르는 각 단계에 대해 분명하고도 전면적인 연속성이 활용된다.

주요 구성 전략은 지층과 1층을 이어진 바닥으로 연결하는 가위-단면이다. 거대한 계단 모양의 테라스 판으로 된 두 개의 시퀀스는 길게 비워진 공간을 점유하면서 북쪽에서 남쪽으로, 남쪽에서 북쪽으로 상승한다. 한 층계는 건물의 한가운데에서 1층에 연결되는 포럼이 내려다보이는 로비를 향해 나아간다. 다른 하나는 남쪽의 사무실에서 시작해 첫 번째 계단을 향해 올라가고, 계속해서 입구가 내려다보이는 공간을 향해 상승한다. 이 빈 공간의 바닥에는 모든 사람의 관심이 집중되는 곳인 안내구역이 있다. 빈 공간의 윗부분은 개방되어 반쯤 완성된 자동차들이 트랙을 따라 주변의 다양한 부품들 사이를 움직이는 것을 바라볼 수 있다. 계단식의 바닥 판은 다양한 업무를 수용하는 융통성을 갖기에 충분하다. 이것이 가져다 주는 혜택은 전체 공장부지 내에서 눈에 잘 띄는 영역을 서로 접하게 만들어놓았다는 것이다. 그것은 부지 전체를 통해 하나의 평평한 바닥판을 사용할 때보다 시각적인 소통에 대한 가능성을 더 많이 열어준다.

내부 구성의 전반적인 투명성은 직원들의 통합을 촉진한다. 여러 기능이 혼합되어 전통적인 위계조직에 의한 분리를 거부한다. 일련의 엔지니어링 및 관리 기능들이 수동작업자들의 일간 작업 경로 내에 놓여있다. 사무 기능(white collar)들은 지층과 1층에 위치해 있다. 동시에 생산직 노동자(blue collar)들을 위한 친목공간이 두 층 모두에 있어 배타적인 영역이 만들어지는 것을 방지한다.

빌딩 전면에 있는 대형 주차장의 본질적인 문제점은 그것을 역동적인 장면으로 바꿈으로써 저절로 피할 수 있었다. 차량 움직임의 고유한 역동성과 차체의 '활기찬' 필드는 빌딩 내에서 정점에 달하는 급격한 경로를 통해 전체 필드를 이동하게 하고, 색상과 광채를 낸 주차장의 배열을 통해 드러나게 된다. 차량들은 건물 내부 깊숙한 곳을 바라볼 수 있도록 유리로 덮인 공공 로비에서 방문자들을 내리도록 하면서 빌딩 하부로 신속하게 움직인다.

MoveUp
LACKIERERREI
Kommunikations-Forum
KAROSSERIEBAU

1st floor plan

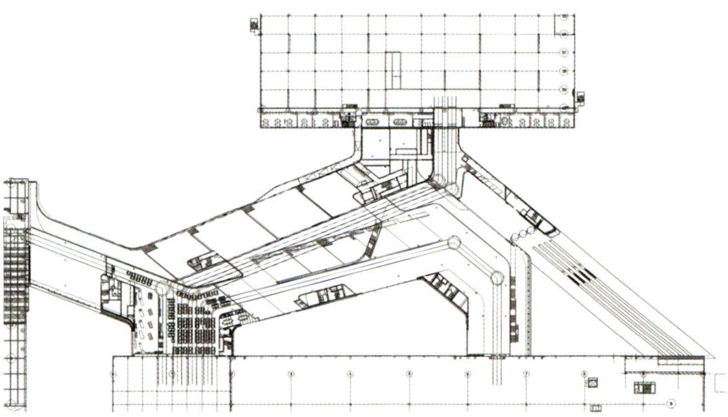

2nd floor plan

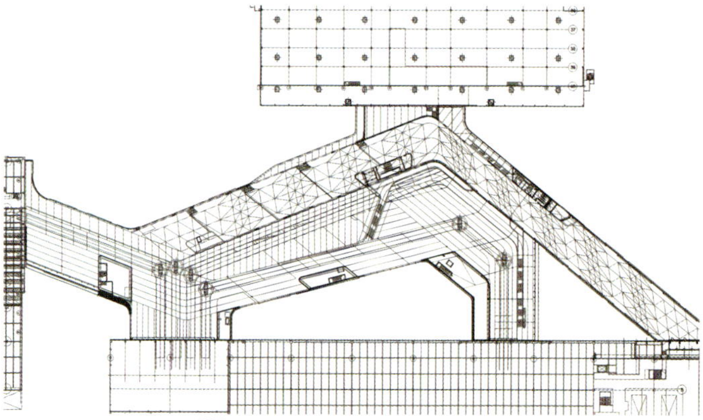

Architectural Design
In October 2004 BMW moved into the Central Building at the new Plant Leipzig premises. The building's design facilitates a radical new interpretation of open office landscape, delivering an even more engaging experience of connectivity and transparency within the demanding functionality.

Client Brief
It was the client's objective to translate industrial architecture into an aesthetic concept that complies equally with representational and functional requirements. In the transition zones between manufacturing halls and public space the Central Building acts as a 'mediator' impressing a positive permanent impact upon the eye of the beholder in a restrained semiotic way.

Planning constraints
When the Central Building was designed, the planning and layout of the adjacent fabrication buildings had already been finalized, leaving a narrow stretch of open land to be filled. With a wide range of suppliers pre-appointed for the rest of the factory many fit-out elements were selected from a standard range of products, emphasising BMW's industrial approach to office spaces.

Concept/Programme - The Central Building as Communication Knot
The Central Building is the nerve-centre of the whole factory complex with all the building's activities gathering and branching out again from here. The knot connects the three main manufacturing departments of Body-in-White, Paint Shop and Assembly while serving as the entrance to the plant. The whole expanse of this side of the factory is oriented and animated by a force field emanating from the central building. All movement converging on the site is funnelled through this compression chamber squeezed in between the three main segments of production. Such planning strategy applies not only to the cycles and trajectories of workers and visitors but also the production line, which traverses this central point. This dynamic focal point of the enterprise is visually evident in the proposed dynamic spatial system that encompasses the whole northern front of the factory and articulates the central building as a point of confluence and the culmination of various converging flows. The central area as a 'market place' is intended to enhance communication by providing staff with an area with which to avail themselves of personal and administrative services. This organisation of the building exploits the obvious sequence of front-to-back for the phasing of public to quiet activities.
The primary organising strategy is the scissor-section connecting the ground floor and first floor in a continuous field. Two sequences of terraced plates, like giant staircases, step up from north to south and from south to north capturing a long connective void between them. One cascade commences close to the public lobby overlooking the forum to reach the first floor in the middle of the building. The other starts with offices at the south end moving up to meet the first cascade then moving all the way up to the space projecting over the entrance. At the bottom of this void is the auditing area as a central focus of everybody's attention. Above the void open to view the half-finished cars are moving along their tracks between the various surrounding production units. The cascading floor plates are large enough to allow for flexible occupation patterns. The advantage here lies in the articulation of recognisable domains within an overall field. With a global field, it opens up to visual communication more possible than with a single flat floor plate.
The integration of workers is facilitated by an overall transparency of the internal organisation. The mixing of functions avoid the traditional segregation of status groups. A series of engineering and administrative functions are located within the trajectory of the manual workforce's daily movements. White collar functions are located both on ground and first floor. Equally Blue Collar social spaces are located on both floors thus preventing the establishment of exclusive domain.
The intrinsic problems of a large car-park in front of a building were avoided by turning it into a dynamic spectacle in its own right. The inherent dynamism of vehicle movement and the 'lively' field of car bodies is revealed in the arrangement of parking lots which let the whole field move, colour and sparkle with swooping trajectories culminating within the building. Here cars swoop underneath, setting down visitors into the glazed public lobby allowing views deep into the building.
Zaha Hadid

ground floor plan

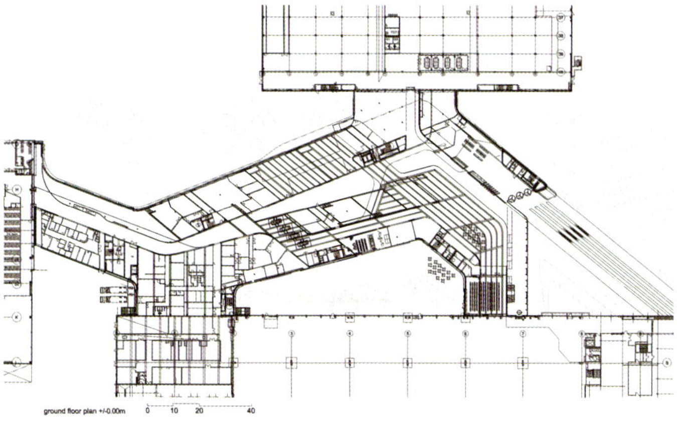

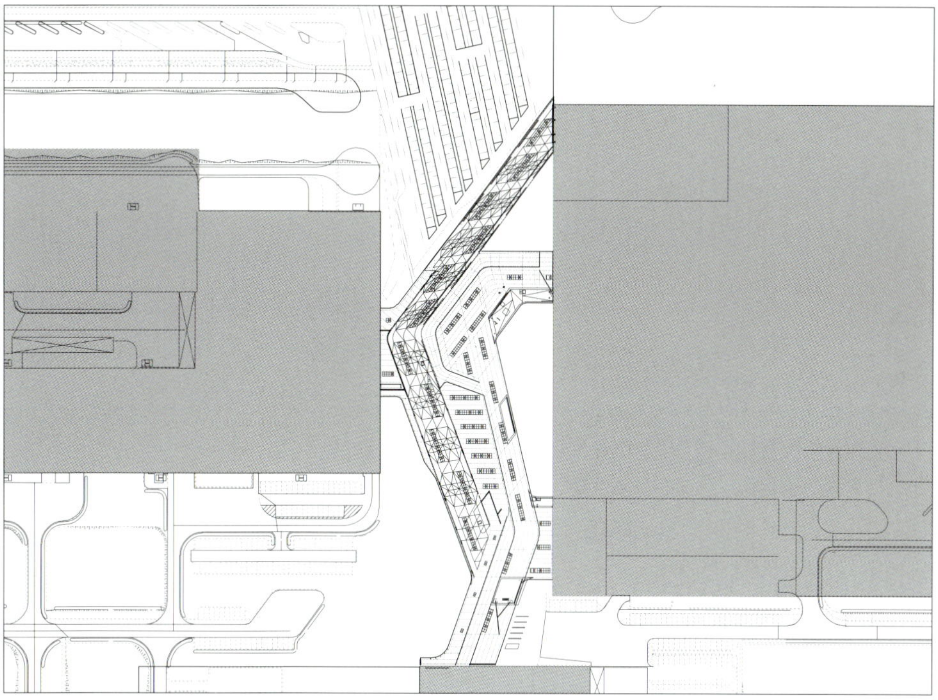

BMW Werk Leipzig - Central Building 0 100 200 400

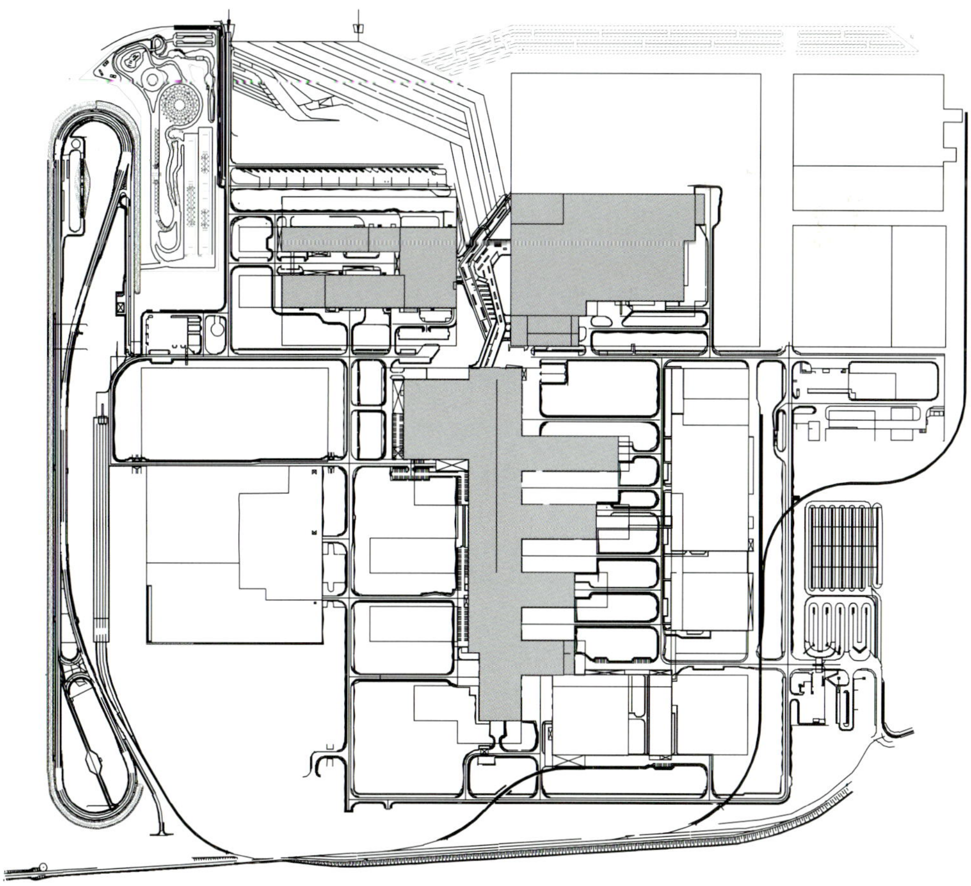

elevation

section 1

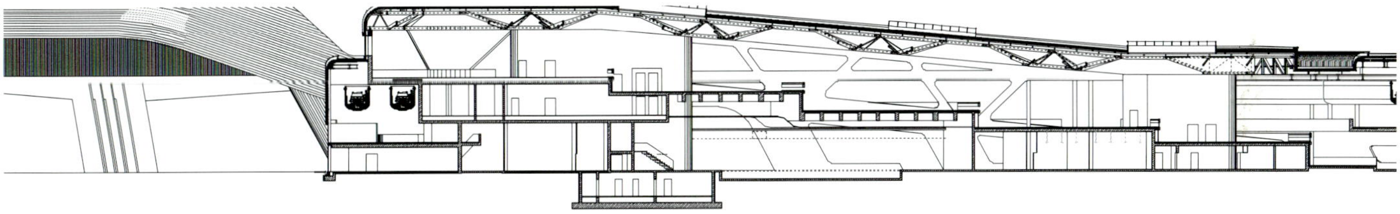

section 1 - 1 0 5 10 20

section 2

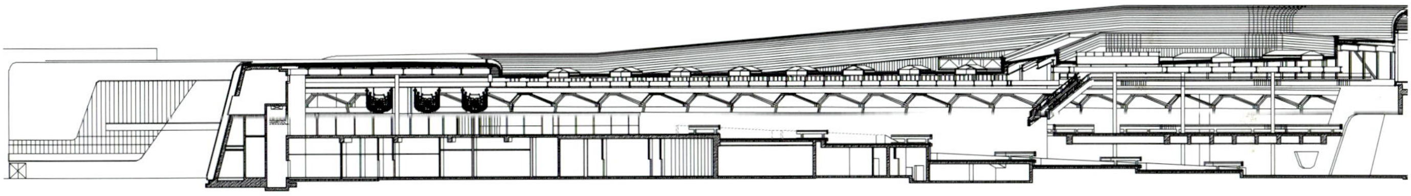

section 2 - 2 0 5 10 20

east elevation

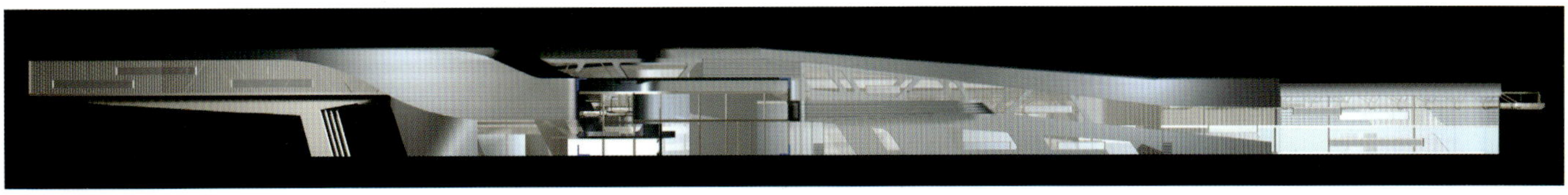

west elevation

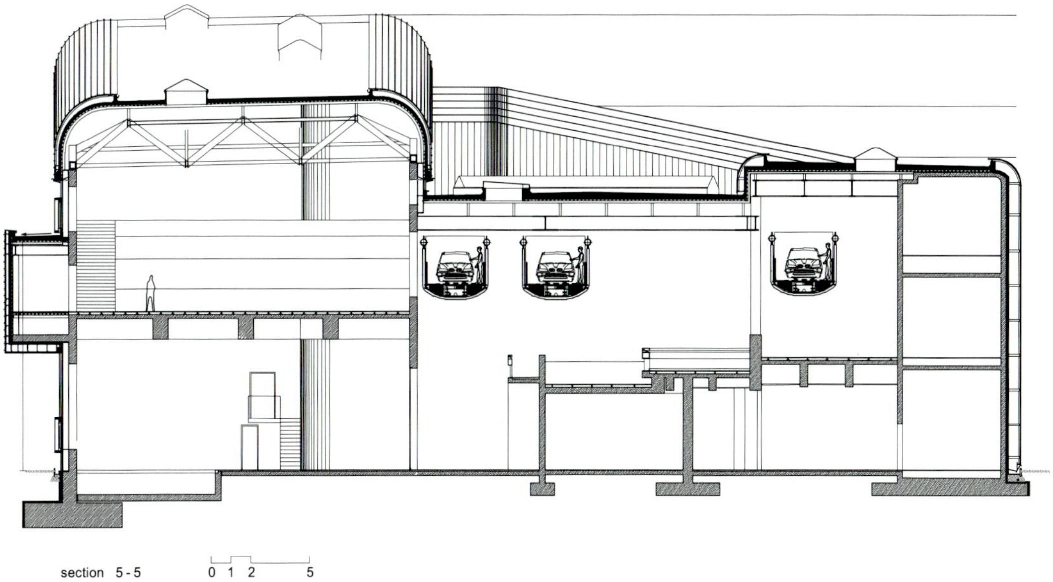

section 3

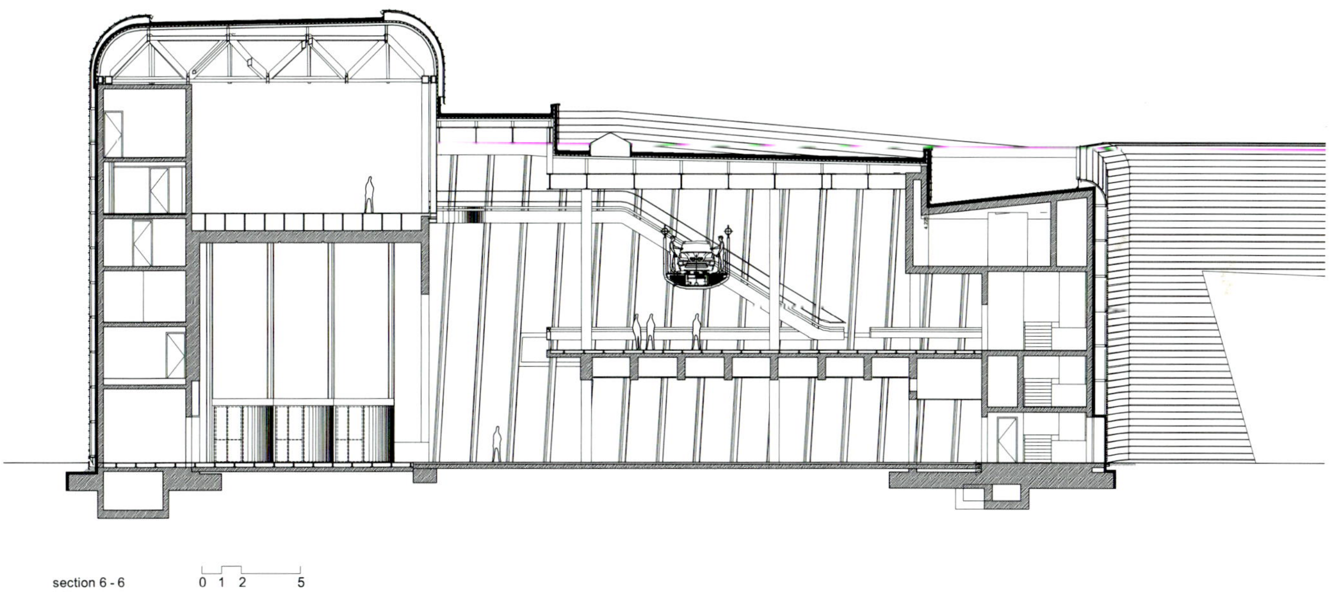

section 4

파사드 : 파사드는 여름에는 태양열을 획득하고, 겨울에는 열손실을 조절하기 위해 외부환경에 적응하면서, 투명도가 높도록 설계되었다. 파사드의 채광량은 내부 환경에 안락함을 줄 뿐 아니라 낙엽수 형태의 '액티브 셰이딩(Active shading)'으로 여름에는 건물이 받는 태양열을 줄이고, 자연적인 채광을 유지하면서, 눈부심을 감소시킬 수 있도록 하였다. 또, 이것은 겨울에는 태양열을 이용한 난방을 최대로 만들어 난방 에너지 사용을 낮추고, 채광면에 도달한 입사광을 조정하는데 사용된다.

construction and material

재료

건물에는 전체적으로 지붕 구조가 H-형강 보로 조립된 자가 충진 콘크리트(Self-compacting concrete)가 사용되었다.

구조

대지의 토양 상태는 일반적으로 널리 사용되는 평기초를 활용할 수 있었는데, 분리된 기둥 하부에 집중된 하중에 대해서는 강화콘크리트 독립기초가 적용되었다. 상부구조부(superstructure)에는 일반적으로 사용되는 재료와 시공 공법을 활용하여 지속가능성과 시공편리성을 함께 고려하여 설계하고자 하였다. 상부구조부는 프리캐스트 콘크리트 보와 기둥(precast concrete beams and column)에 의해 지지되는 프리캐스트(precast) 그리고 프리스트레스 콘크리트 슬래브(prestressed concrete slabs)로 구성되어 있다.

00 레벨(level 00)의 지층 슬래브는 토양에 직접 접하고 단단한 코어에 의해 지지되는 메쉬 패브릭 강화 콘크리트 슬래브(mesh fabric reinforced concrete slab)로 이루어져 있고, 연약한 지점은 일단 굴토 후 슬래브 구조를 지탱할 수 있도록 양질의 재료를 여러 층에 채워졌다. 지층 전체에 걸쳐서 10미터 x 10미터 그리드 위에 놓인 프리캐스트 콘크리트 기둥은 +5.5미터 이상 레벨의 1층 슬래브를 지지하고 있다.

+5.5미터 레벨의 1층 슬래브는 길이 10미터의 층 바닥 주요 보 사이에 걸치는 두께 450mm 프리스트레스 콘크리트 이중 T형 슬래브 조합으로 이루어졌다. 이런 바닥 보는 전체의 깊이가 450mm로 기둥 사이를 연결하는 단일 T형 역단면이 된다. 유동접합부들은 수축, 온도변화, 크리프(creep) 및 침하에 의한 변동 영향을 최소화하기 위해 50미터 간격으로 설치되었고, 구조물을 몇몇 개별적인 부분들로 나누면서 기둥의 위치에 가까이 놓였다. 구조물은 슬래브나 보를 한 방향으로 지탱하도록 하부에 슬라이딩 베어링을 지닌 벽체와 기둥에서 나온 첨두나 돌출부를 사용하여 접합부의 양쪽에 짜맞춰졌다. 주출입구 앞에서 일정한 각도로 가로지르는 1층 슬래브 영역은 순 경간이 45미터 이상이며, 바닥 슬래브 공사는 깊이가 3.5미터에서 4.5미터에 이르는 사다리꼴의 프리캐스트 콘크리트 단위로 이루어졌다. 각 길이가 2.4미터인 프리캐스트 콘크리트 구획은 시공을 잘못한 곳으로부터 처음 시공되었고, 포스트 텐션(post tensioned)이 적용된 고장력 프리스트레싱 섬유(high tensile prestressing strands)를 사용해 엮었으며, 연속보를 형성하기 위해 그라우팅(grouted up)되었다. 이 기술은 요구된 순 경간을 만족시키기 위해 일반적인 교량 축조 기술을 적용하였다. 5개의 얇은 경사 기둥이 경간의 한쪽 끝에서 A자 모양의 프레임을 형성하기 위해 모였고, 인접한 자동차 공장 건물과 통합된 단순한 수직벽체는 다른 한쪽에서 지지하고 있다.

계단과 엘리베이터 코어를 둘러싼 현장치기 철근콘크리트 벽체는 각 층 구조에서 전달되는 측하중에 대한 안정성을 보완하기 위한 주요한 지지 요소로 작용하고 있다. 벽체는 구조체에 측하중 안정성을 제공하는 것 외에도 1층과 지붕층 슬래브 구성요소에 수직하중에 대한 지지력을 더해준다.

지붕구조는 일반적으로 1층 슬래브까지 이어지는 기둥 위에서 지지되는 10미터 x10미터 그리드 상부에 자리 잡은 프래캐스트 이중 T형 조합으로 구성되어 있다. 하지만, 어떤 영역에서는 철제 스페이스 프레임 구조로 된 경량지붕도 있다. 이런 경량지붕은 속이 빈 단면을 가진 철제 구조물로 시공된 연장된 육각 셀(hexagonal cells)로 이루어져 있고, 약 3미터 깊이의 스페이스 프레임 트러스를 형성하기 위해 구부러져 있다. 1층 슬래브에서 올라오는 기둥들과 분리된 슬래브는 20미터 x 30미터 그리드 간격에 올라탄 지붕을 수직적으로 지지한다. 이런 경량 재료에 적용하는 지붕의 피복은 임의의 지붕 광 삽입이 있는 Kalzip 같은 균열방지 시스템으로 이루어진다.

a

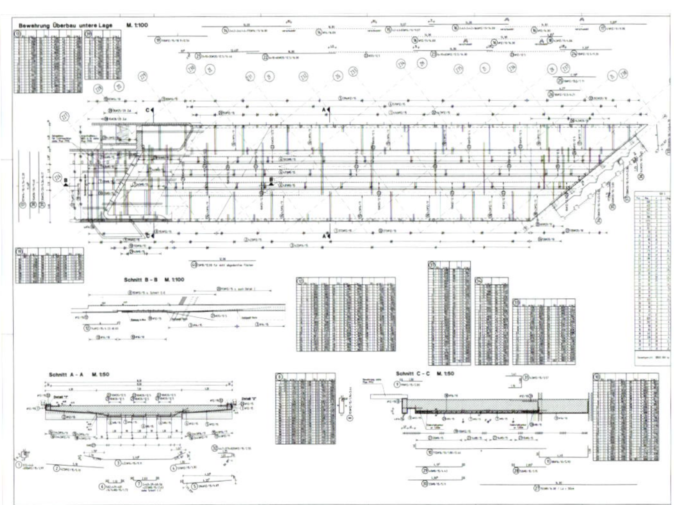

b

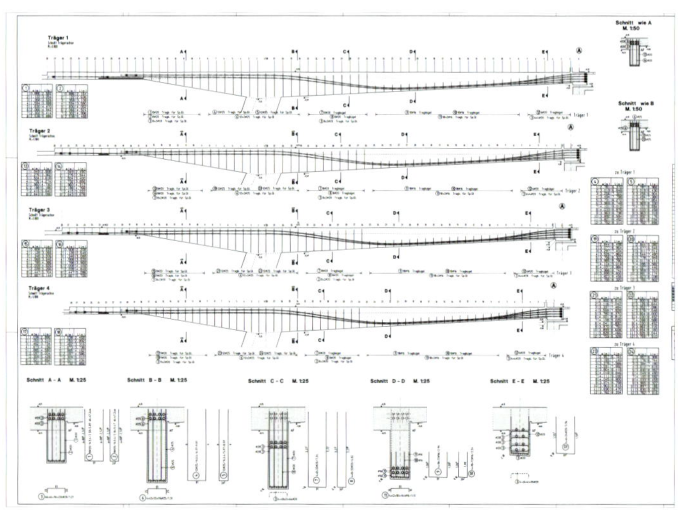

Materials

Self-compacting concrete with a roof structure assembled with a series of H-steel beams

Structural design

The underlying ground conditions on the site suggest that traditional spread footings can be utilised. Given the concentration of loads under isolated columns, reinforced concrete pad footings are to be utilised.
The design of the superstructure elements takes into accounts both sustainability and ease of construction, by selecting materials that are widely available and adopting the construction technology that it commonplace.
The main superstructure elements consist of precast, prestressed concrete slabs supported on precast concrete beams and columns.
The ground floor slab at level 00 would consist of a ground bearing mesh fabric reinforced concrete slab built directly off the ground and supported on hard core. Any local soft spots would be first excavated and backfilled with well graded material and compacted in layers to provide a firm substrate to support the slab construction. Generally, throughout the ground floor, precast concrete columns based on a 10m x 10m grid would be provided to support the first floor slab at level +5.5m over.
The slab first floor level +5.5m consists of a 450mm thick prestressed concrete double T slab units spanning 10m between primary floor beams. These primary floor beams again would be single inverted T sections, having an overall depth of 450mm and span between columns. Movement joints are provided within the structure at intervals of approximately 50m so as to minimise the effects of movement caused by shrinkage, temperature variations, creep and settlement. These movement joints divide the structure into a number of individual sections and are located adjacent to column locations. The structure is framed on both sides of the joints by means of nibs or corbels provided off the walls and columns under with a sliding bearing to support the slab or beam to one side. The area of first floor slab, which cuts across at an angle in front of the main entrance has a clear span in excess of 45m. The floor slab construction in this area consists of a series of trapizodal precast concrete segments, which vary in depth from between 3.5m to 4.5m. These precast concrete segments each 2.4m in length are constructed initially off false work and coupled together using high tensile prestressing strands that are post tensioned and grouted up to form a continuous beam. This technique adopts standard bridge building technology to achieve the clear span required. 5 no. raking thin columns clustered together to form an A frame support at one end of the span whilst a simple vertical wall incorporated into the adjacent car plant building provides support at the other end.
In situ reinforced concrete walls surrounding the stair and lift cores act as main bracing elements to assist lateral stability loadings from the structures at each level. In addition to providing lateral stability to the structure these walls also provide vertical support to the first floor and roof slab elements.
The roof structure generally consists of precast double T units supported on precast beams based on a 10m x 10m grid and supported on columns, which continue up through the first floor slab. However, in certain areas a lightweight roof consisting of a steel space frame structure is provided. This lightweight roof consists of elongated hexagonal cells constructed from hollow section steel work, cranked to form a space frame truss of approximate depth 3m. Isolated columns continuing up from the first floor slab provides vertical support to the roof on a 20m x 30m grid spacing. The roof cladding to this lightweight element of roof consists of a standing seam system such as Kalzip with random roof light inserts.

c

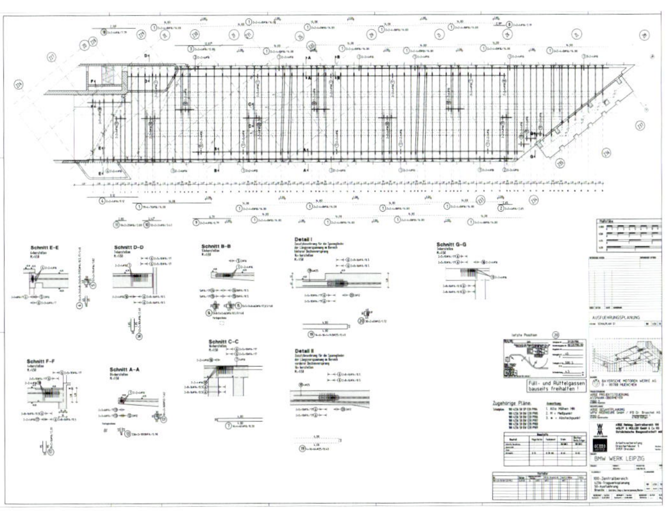

a: Reinforcement of post-tensioned bridge structure

b: Post-tensioned bridge structure. (These show the tensioned reinforcement of the bridge structure that span the entrance area. The span has a maximum of appox. 60m).

c: Lateral reinforcement layout for bridge structure. (These show the cross tension cables in plan for the bridge spanning the entrance area. The details show several connections and sections of the concrete slab)

a.b.c.
These are contractors/structural engineers drawings.

Function: Office

Building area: 7.000m²

Architect: Carme Pinos Desplat

Photographer: Duccio Malagamba

Client: Cube Internacional

Structural Engineer: Luis Bozzo

Torre Cube

Guadalajara, Mexico
Estudio Carme Pinos
2002-2005

Torre Cube

Guadalajara, Mexico
Estudio Carme Pinos
2002-2005

과달라하라(Guadalajara)의 기후는 매우 온화해서 에어컨이 필요없기 때문에 이번 프로젝트에서는 통풍이 잘되고 모든 사무실에 자연채광이 충분히 들어오는 건물을 만들고자 하였다.
대지는 고층빌딩이 밀집한 지역이면서 사무소 건물 부동산 시장에서 치열한 경쟁이 있는 곳에 입지하였기 때문에 건축주는 매우 특색있는 건물을 원했다.
대지의 면적은 제한되어 있지만 건물의 높이에는 제한이 없다. 우리는 모든 설비시설과 수직적 순환이 가능하도록 콘크리트로 만들어지는 세 개의 중앙 코어로부터 발전된 형태의 고층빌딩을 계획하기로 했다. 세 개의 코어는 지주가 되어 전체 건물의 유일한 연결통로와 지지 구조로 작용하며, 층수에 따라 여러 모서리의 캔틸레버 형식으로 내미는 형태가 된다. 포스트스트레스(post-stressed) 방식의 구조는 어떠한 기둥도 없이 이러한 캔틸레버(cantilevers)를 붙어 있게 해준다. 이러한 구조는 우리가 어떠한 방해요소도 없이 사무소의 모듈을 구성하면서 자유로이 주차장을 구획할 수 있게 한다. 건물의 중앙은 사무소의 모듈을 세 개 층 제거하면서 수직적 순환이 가능한 세 개의 코어의 중앙 공간을 통해 측면으로 빛이 들어가도록 한 개방형 공간이며, 중앙 공간으로 난 창문들로 에어컨을 이용할 필요가 없이 자연적인 공기의 순환이 가능하도록 해준다.
슬라이딩 패널로 된 격자로 짜인 표면은 브리즈 솔레이(brise soleil)로 되어 있다.

This project arises from the wish to create well ventilated offices, all of them with daylight illumination, since the weather in Guadalajara is very mild and the use of air conditioning is not necessary.
The clients wanted singularity, because the land is located on a high standing area, highly competitive in the real estate market of offices.
The number of square meters has been fixed, but the height of the building is free. Our decision was to project a high rise building developed from three central cores made of concrete that contained all the facilities and vertical circulation. These centres are pillars, the only connection and support structure of the whole building. From there cantilevers of variable edge jut out, according to the number of floors. The post-stressed forged is attached to these cantilevers without any pillars. This allows us to develop a very free parking that offer modules of offices without any obstacle. The centre of the building, that is, the space amongst the three cores of vertical circulation, is an open space laterally illuminated, eliminating alternatively three floors of the modules of offices, that at the same time, become the windows of the central space, allowing the free circulation of air that gives us the possibility to eliminate the need for air conditioning.
A skin of lattices with sliding panels is the brise-solei.
Carme Pinos Desplat

site plan

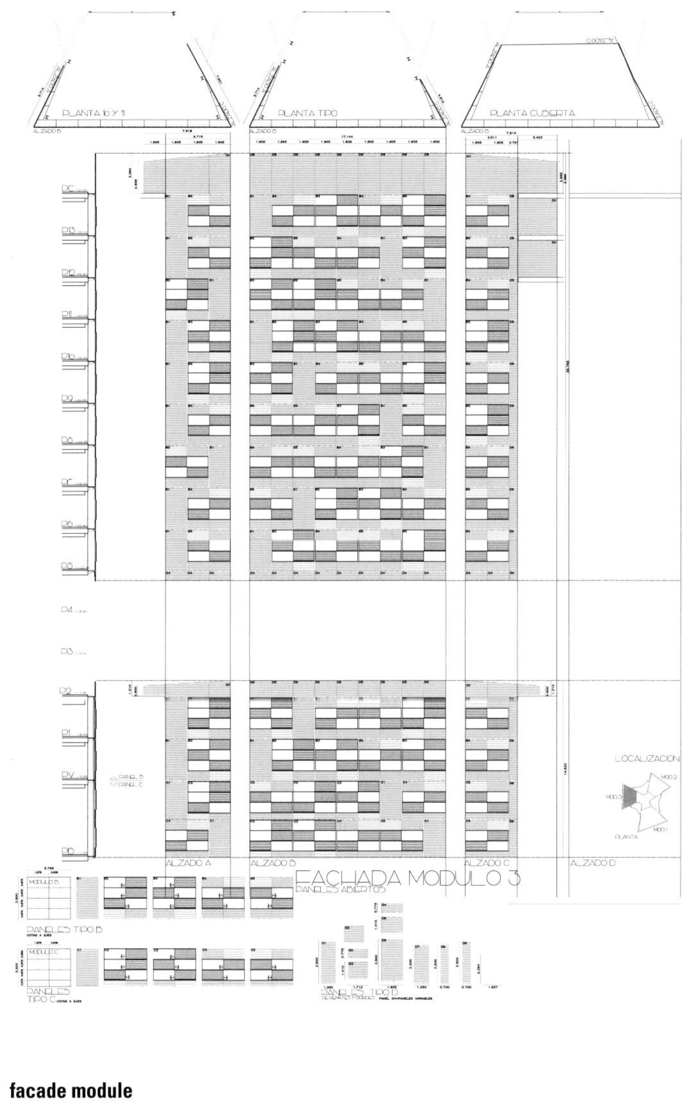

facade module

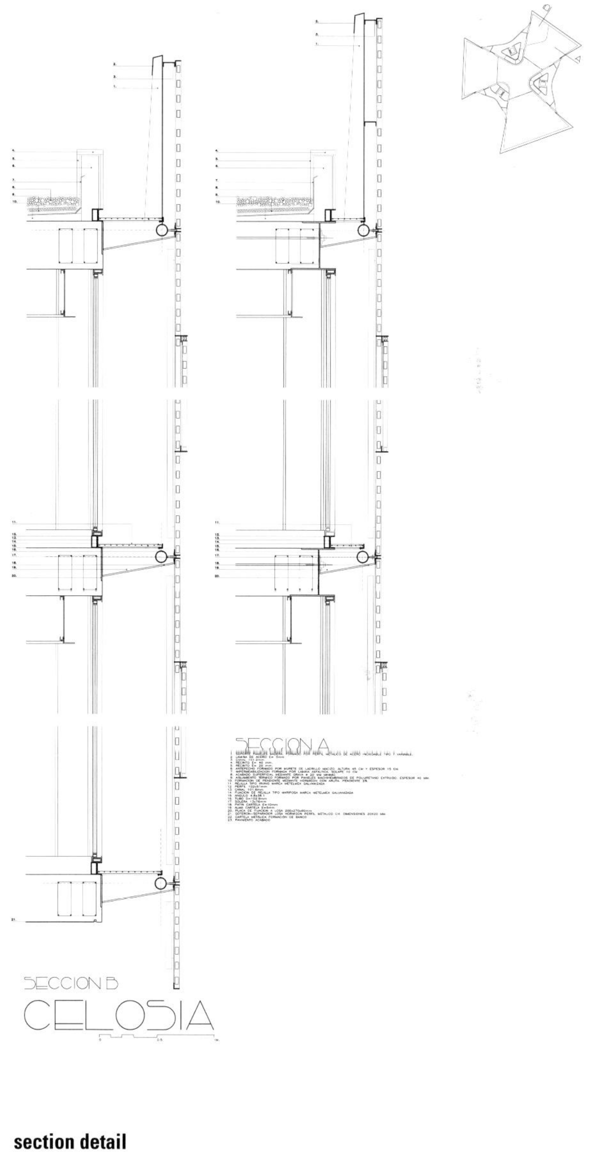

section detail

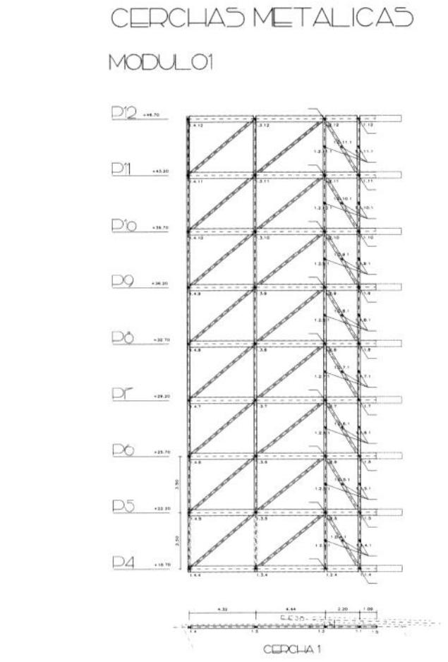

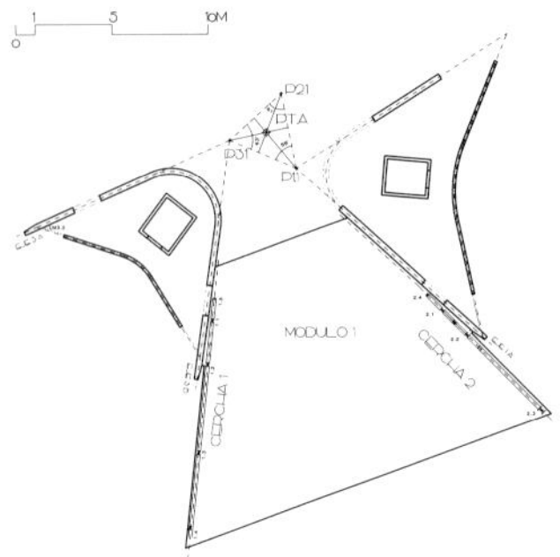

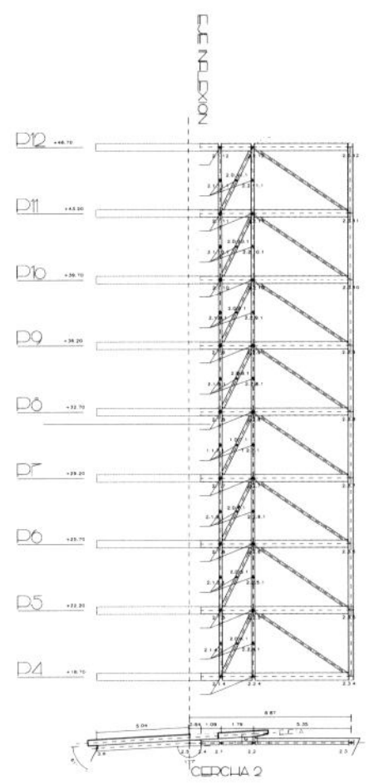

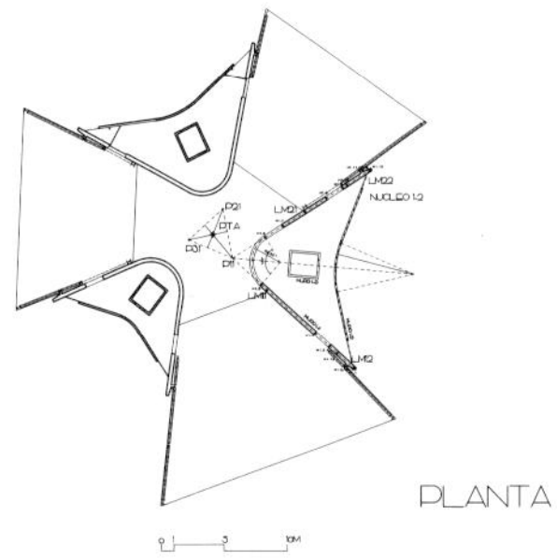

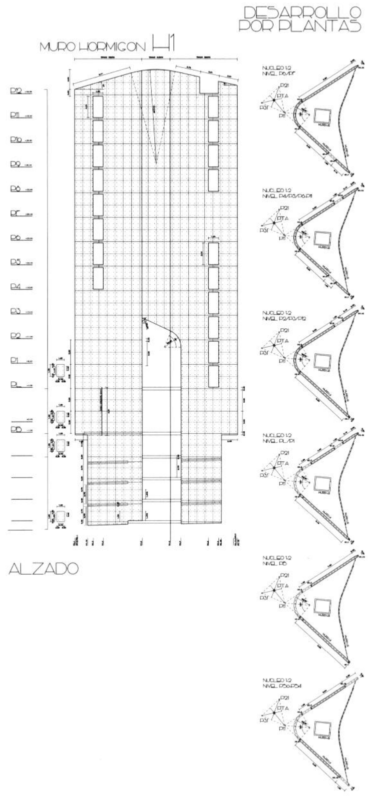

wall doncrete
development in plant

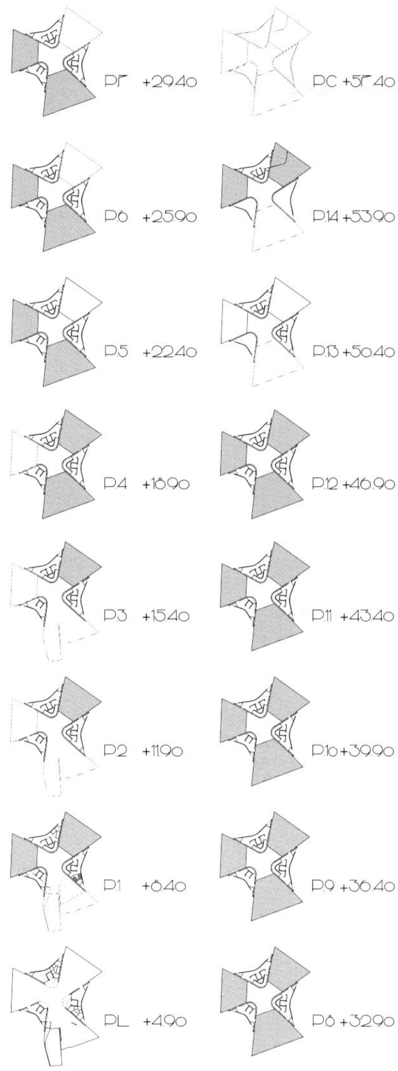

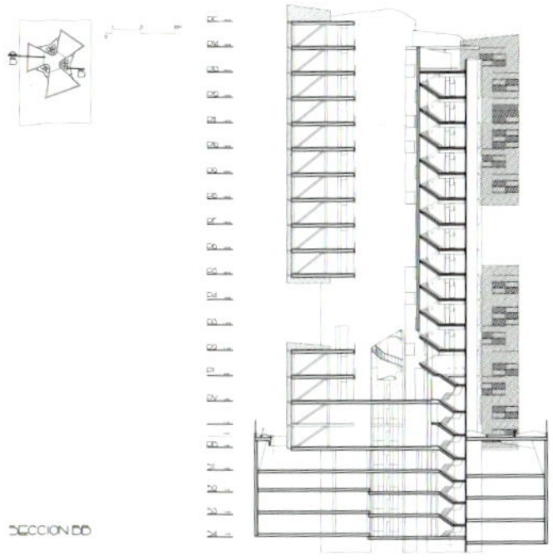

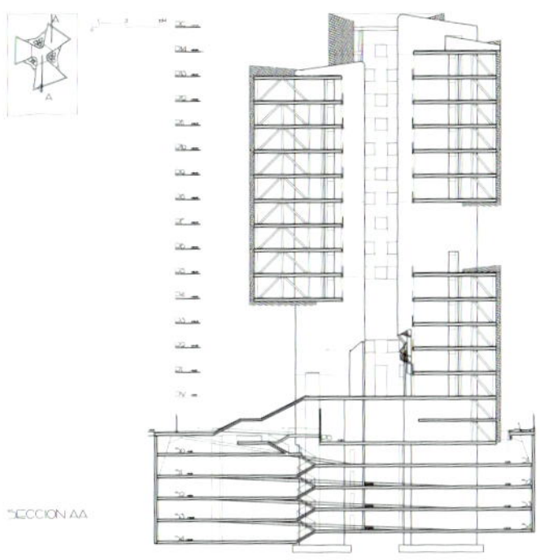

sections

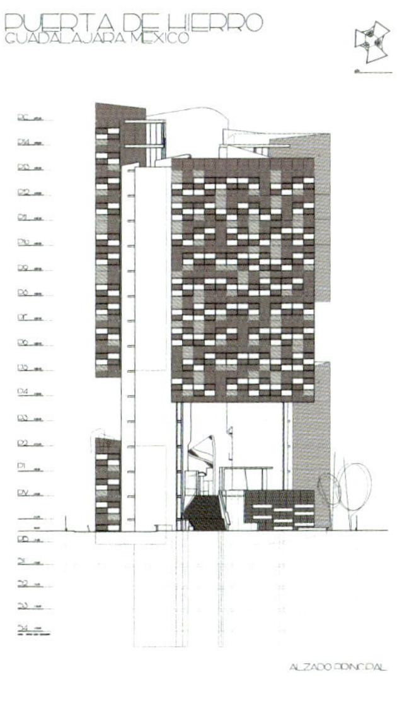

elevation

Torre Cube

Guadalajara, Mexico
Estudio Carme Pinos
2002-2005

ALZADO
MURO SOTANO HORMIGON SH1
ALZADO
MURO SOTANO HORMIGON SH3

sketch

basement plans

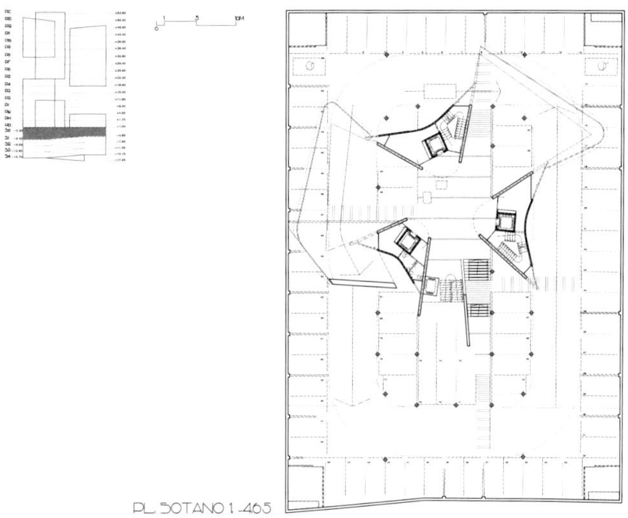

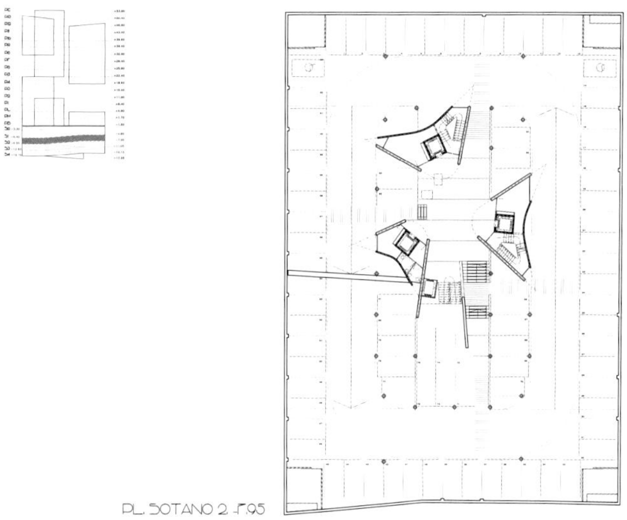

ground floor plan

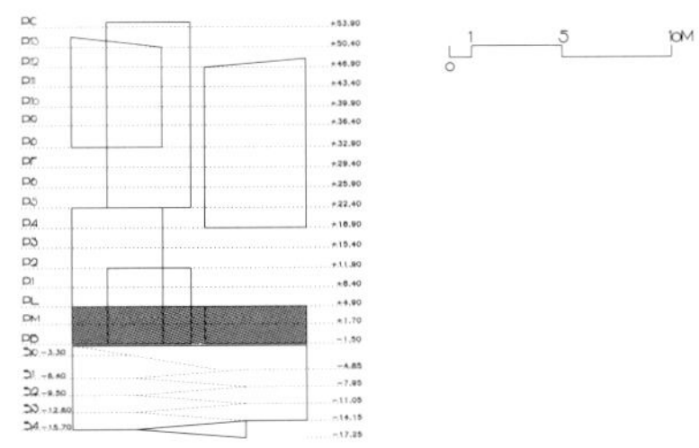

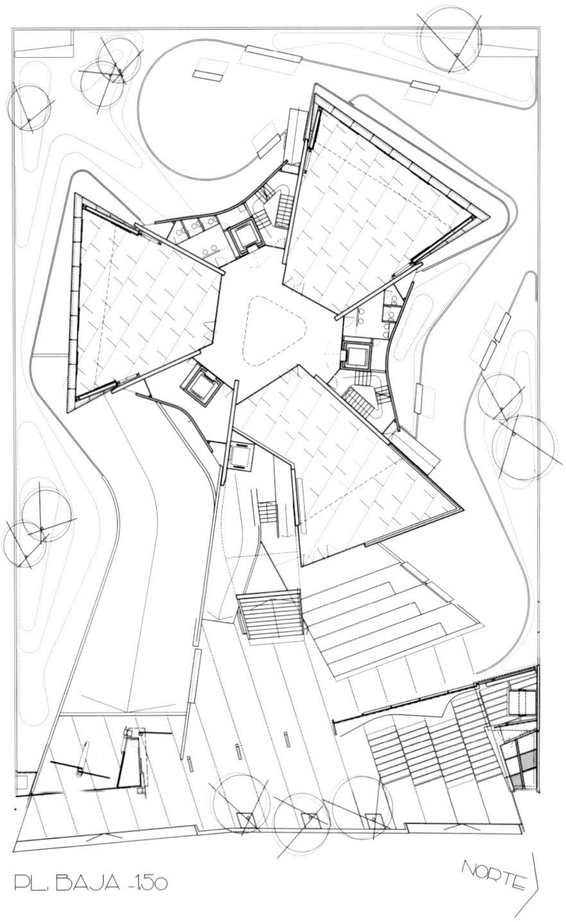

typical floor plan

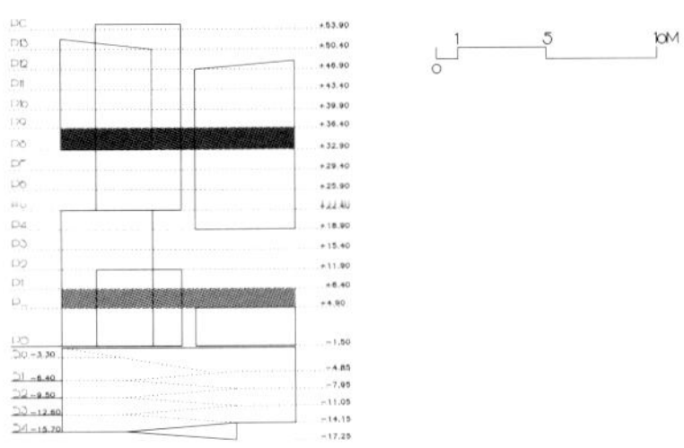

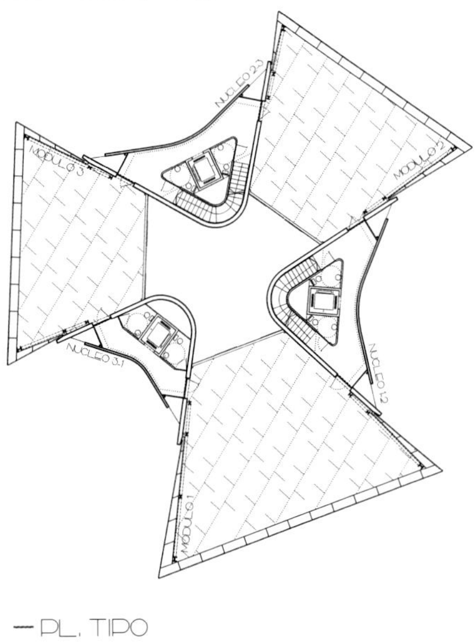

lobby floor plan

Function: Housing

Total floor area: 11,698m²

Project architect: David Chipperfield Architects

Associate architect: Matias Manuel Santolaya Heredero & José Maria Fernández-Isla Arquitectos

Photographer: Roland Halbe, Richard Davies

Client: Empressa Municipal de la Vivienda

Structural Engineer: Ingenieros de CC CC y PP: Manuel Linares

Housing Villaverde

Madrid, Spain
David Chipperfield Architects
2000-2005

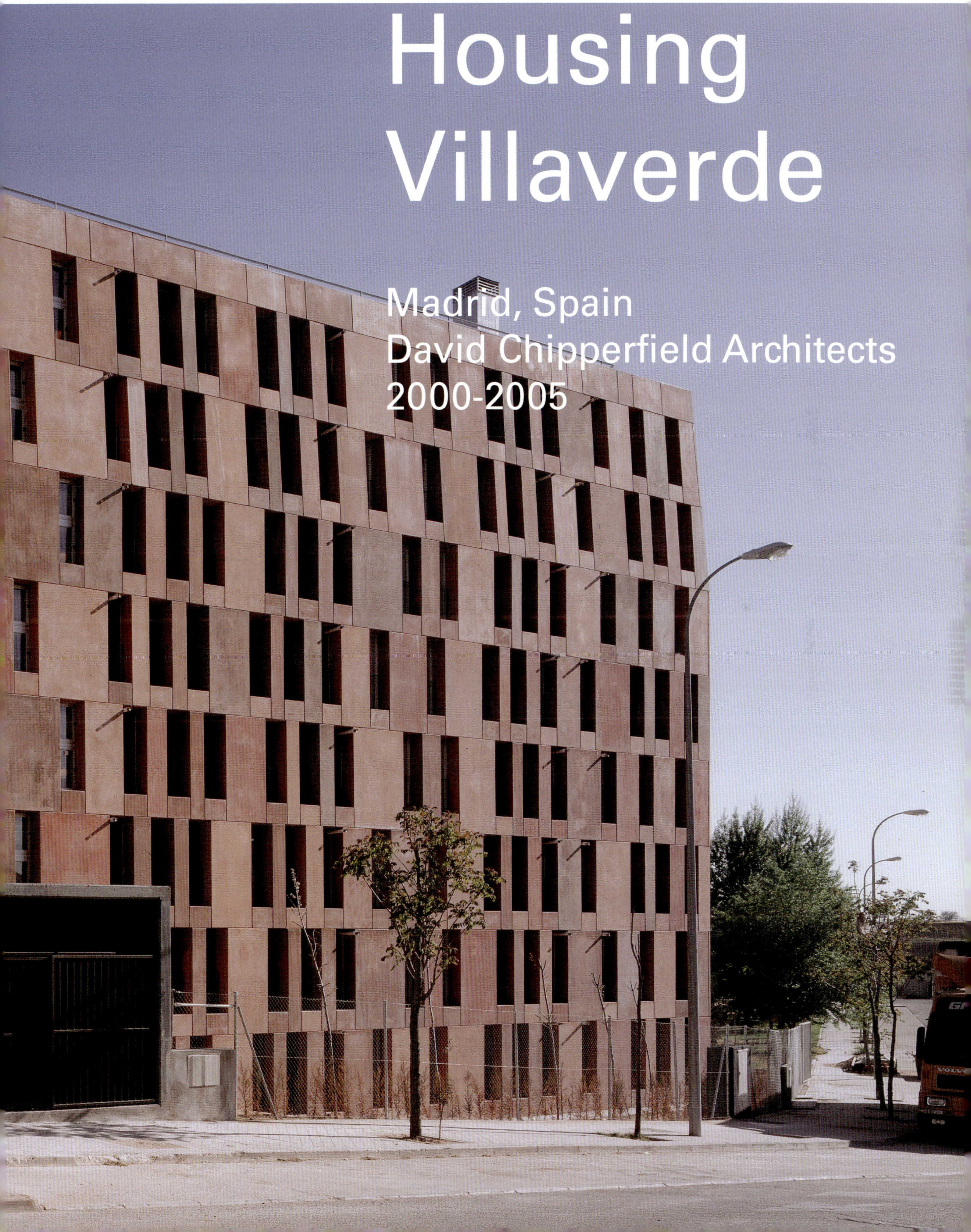

비비엔다의 엠프레사 시(Empresa Municipal de la Vivienda)에서 의뢰한 공동임대주택계획은 마드리드 남부의 빌라베르드(Villaverde) 지구에 속한 베로나(Verona) 내의 신개발 지역 203번 부지에 위치해 있다. 1침실, 2침실, 3침실 아파트로 구성된 계획안은 대지의 마스터플랜에 대응하여, 건축면적이 2,000㎡을 조금 넘고 15미터 폭의 단일 U자 모양의 블록으로 계획되었다. 개발계획에 포함된 다른 건물들과 마찬가지로 이 블록은 8층의 높이와 경사지붕 형상을 가져야 했다. 지침상의 제약사항 안에서 디자인은 이러한 건축적인 제한 요소들을 아파트 블록의 일반적인 아이디어로 전환하는데 활용하려고 시도한다. 그래서 주변의 다른 건물들이 대칭의 2면 경사 실루엣을 채용하고 있지만, 여기서는 벽체와 지붕의 전통적인 관계가 블록 전체를 둘러싸는 높이가 낮은 단일 경사로 전환되고, 소규모의 보조 경사면이 건물의 전면을 비스듬히 덮고 있다.

지붕의 부피를 줄임으로써 얻어진 연면적의 증가는 건물의 외피에 대한 더 조각적 접근을 가능하게 했고, 직각에서 벗어나 건물의 입면에 다양성을 더하기 위해 블록의 뒷면을 깎아내었다.

재료의 선택은 더 두드러지는데, 흙빛을 머금은 분홍색 콘크리트 파사드 패널, 중정의 포티코에 적용된 짙은 회색 콘크리트, 그리고 그 사이에 촘촘하게 들어선 조경 띠 등을 사용하여 밖으로 퍼져 나가는 풍부한 삼원색 효과를 만들어내고 있다. 건물의 전체적인 형태와 마찬가지로 블록의 외벽은 미리 정해진 제한 사항들로부터 유추된 것이다. 블록의 외벽은 위계적인 파사드(큰 방들이 외벽에 더 많은 창문을 가지면서 드러나게 됨)와 이런 창문의 배치가 건물의 8개 층을 통해 반복되지 않도록 하기 위한(따라서 각 창문의 위치가 특별하게 됨) 의도에서 비롯되었다. 크기와 형태를 정하기 위한 3차원적인 연구만큼이나 203번 블록의 디자인은 2차원의 수학에 가까운 패턴 작업을 보여준다.

Commissioned by the Empresa Municipal de la Vivienda(EMV), the social housing scheme is located on plot 203 of a new development in Verona, in the Villaverde district of southern Madrid. Comprised of 176 one-, two-, and three-bedroom apartments, the scheme responds to an overall masterplan for the site, which requested a single U-shaped block, 15m deep, and with a footprint of just over 2,000m^2. Like other buildings within the same development, it also required that the block be eight stories high and have the appearance of a pitched roof. Within the confines of this brief, the design attempted to manipulate these architectural restrictions so as to abstract the common idea of an apartment block. So whereas other neighbouring buildings adopt a symmetrical, double-pitched silhouette, here the traditional relationships of wall and roof are abstracted into a low, single pitch for the bulk of the block, and a small secondary pitch bevelling the building's front edge.

The increase in floor area achieved by this reduction in roof volume also allowed for a more sculptural approach to the building envelope - carving back the sides of the block, away from the orthogonal, to create a more varied outline to the building's elevation.

Further distinguished by its choice of materials - earthy-pink concrete facade panels, a rich dark grey concrete for the courtyard portico, and a dense band of landscaping in between, the effect is a rich tricolour radiating outwards. Like the building's overall form, the surface of the block also evolved from a predetermined set of limitations. These emerged from the desire to create both an hierarchical facade(with larger rooms expressing themselves on the outside with more windows openings) and one in which this fenestration does not repeat itself over the building's eight floors (so that each window placement appears unique). As much, then, as a three-dimensional study into mass and form, the design of plot 203 represents a two-dimensional, almost mathematical, exercise in patterning.

David Chipperfield

site plan

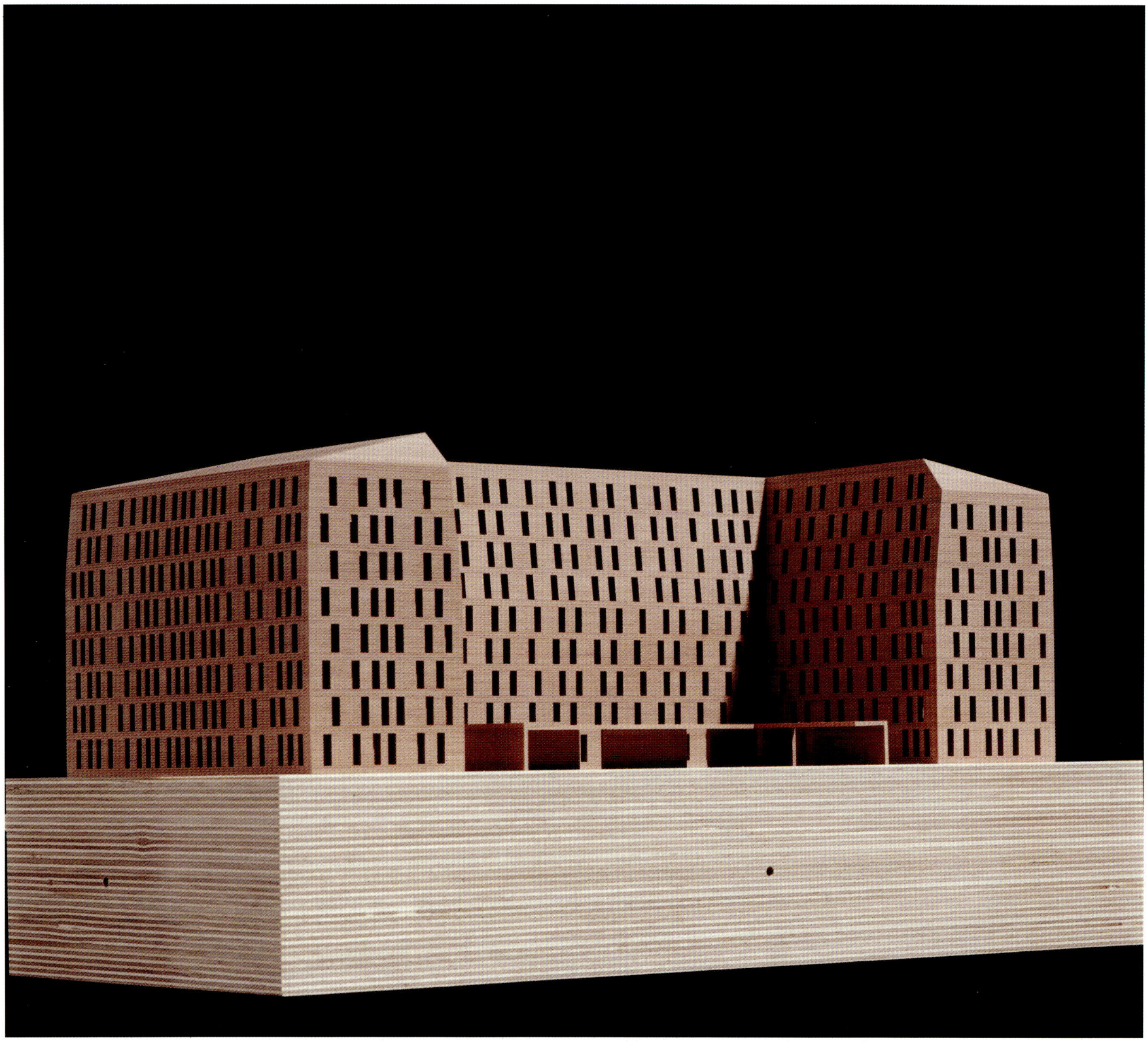

model

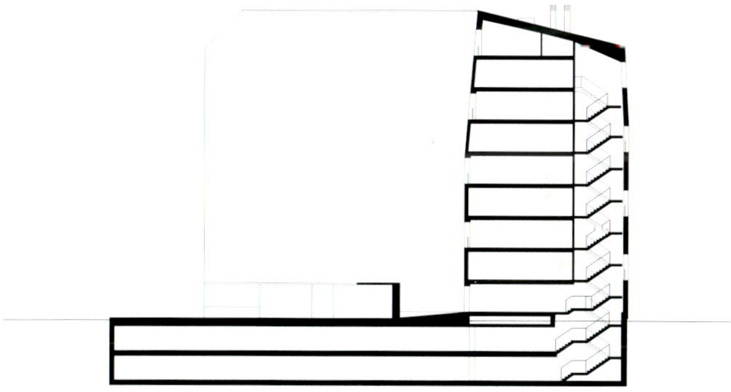

section

재료: 전형적인 콘크리트 구조체인 빌라베르드(Villaverde) 공동주택의 입면에는 콘크리트 파사드 패널인 GRC(glass reinforced concrete)이 사용되었다. 건물의 외피는 벽체의 깊이와 연관된 프리패브방식의 패널들로 형성되는데, 이러한 패널은 그 크기와 형태가 각기 달라 각 층에서 반복되는 단조로운 수직성을 무너뜨리며 연속적이면서도 독특한 패턴을 만들어내고 있다. GRC(유리강화콘크리트)는 문자에 그대로 유리섬유와 시멘트 모르타르를 섞은 것으로 콘크리트 탄성력에 대한 흡수력을 향상시키는 역할을 담당한다. 특히, 경량이면서 가소성이 있는 재료는 태양열과 고온에 대한 차단 효과가 뛰어나기 때문에 단열재를 넣어 샌드위치 패널로 사용된다. 마감재료로 사용된 패널을 프리패브방식으로 생산하면 각기 다른 부재들의 혼합에 의해서 다양한 색상을 만들 수 있다. 빌라베르드 공동주택에서는 토양의 색과 비슷한 흙빛을 머금은 분홍색을 만들어냈는데, 중정의 포티코에 사용된 짙은 회색 콘크리트와 함께 조각 같이 깎여 내려가는 웅장한 건물의 형상를 강조하고 있다.

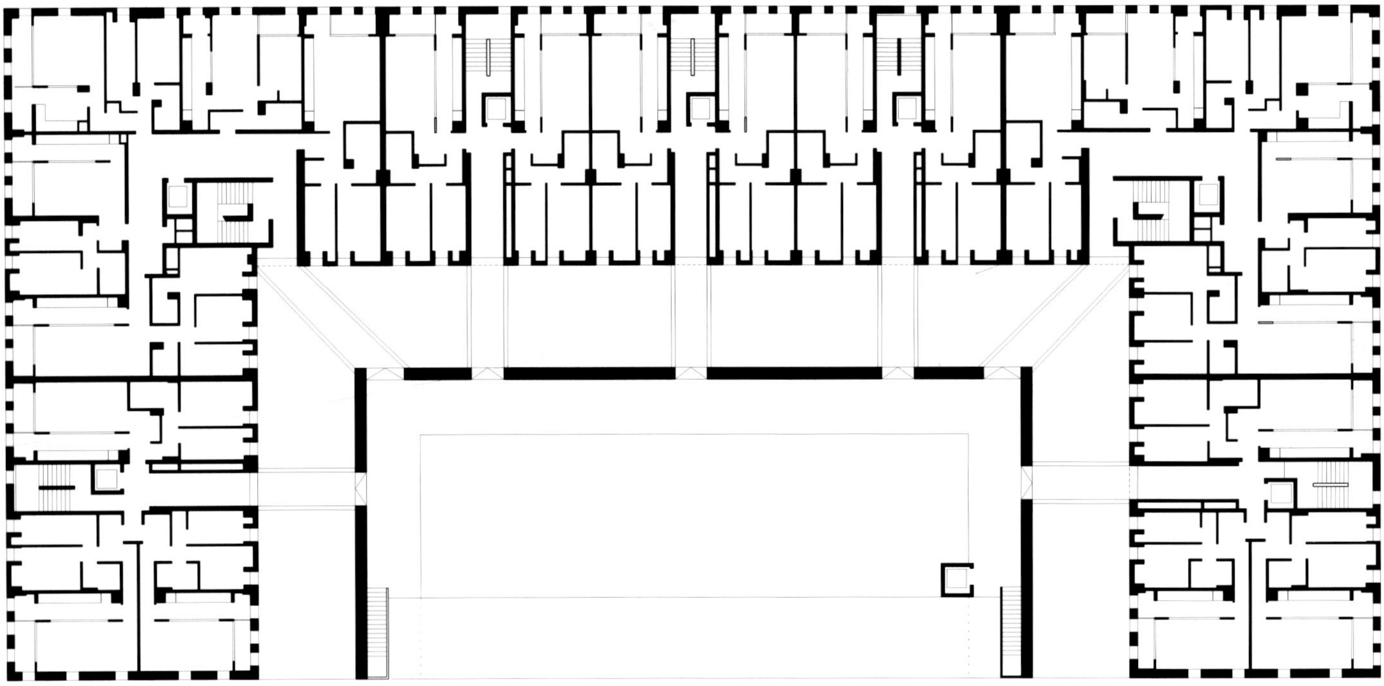

ground floor plan

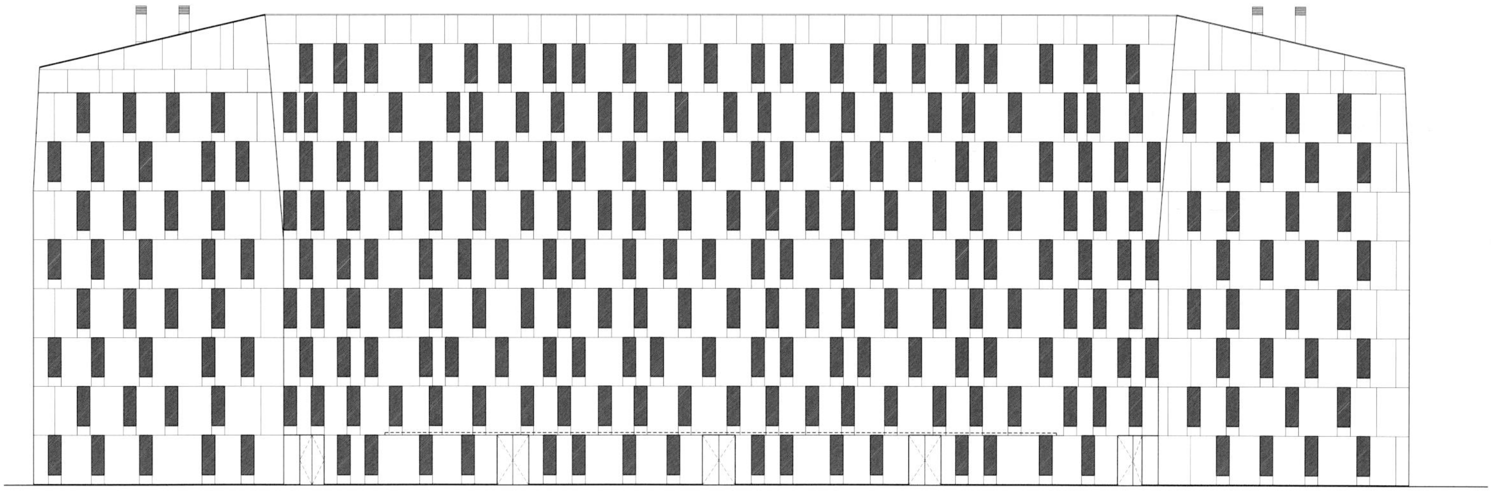

north elevation

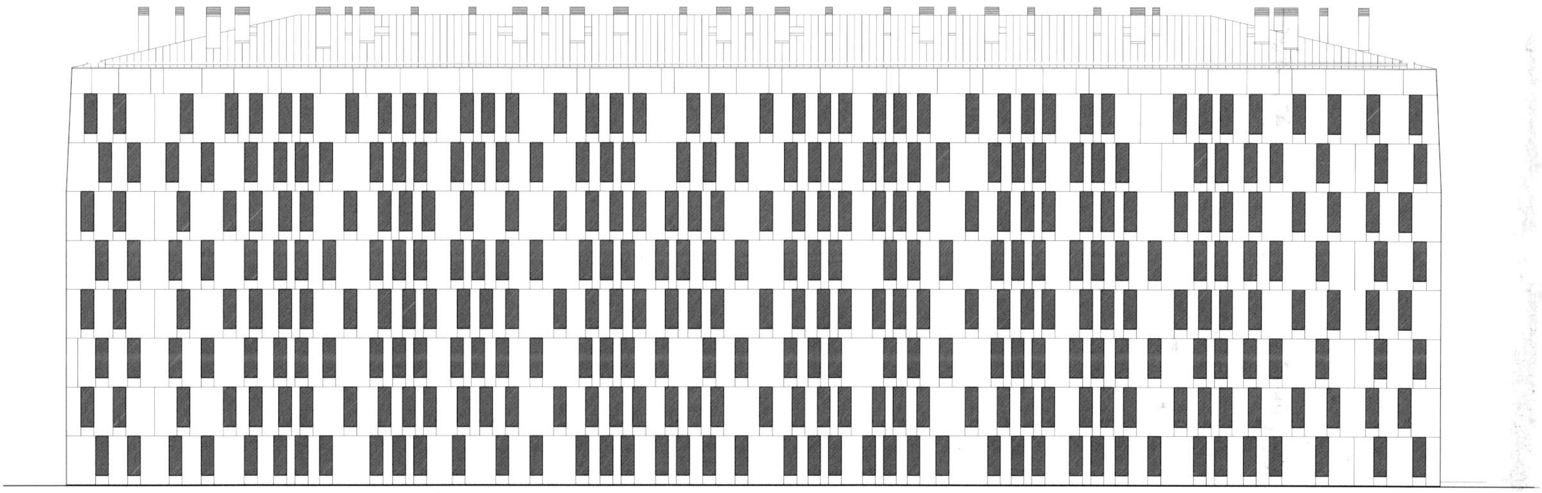

south elevation

Function:	Multifunctional facility
Project architect:	Felipe Artengo Rufino, Fernando Martín Menis, José Mª Rodríguez-Pastrana Malagón
Photographer:	Roland Halbe
Client:	Canarias Congreso Bureau Tenerife Sur
Structural Engineer:	Victor Martínez, Juan José Gallardo

Magma Arte & Congresos Tenerife Sur

Tenerife, Spain
AMP architectos
2005

테네라이프(Tenerife)에 있는 아데제 코스트 컨벤션 센터(The Adeje Coast Convention Centre)는 남테너라이프 자동차 전용도로의 근처에 있다는 쉽지 않은 상황 속에 공존해야 한다. 주변 상황에서 유일하게 참고할 만한 것은 바위가 많은 사막에 가까운 풍경과 바다 정도이다. 이런 인상적인 상황이 배경이 되는 라 고메라 섬(La Gomera Island)의 비전과 대조를 이루며 건물의 뼈대를 형성한다.

우리는 주어진 풍경에 대한 감상으로부터 작업을 시작하였는데, 우리는 프로그램된 기능들을 수용하는 솟아오르는 새로운 기하학적인 바윗덩이를 생각해냈다. 이런 단층선은 모든 방향으로 공간을 형성하며 액체 같은 움직임을 상상했던 지붕의 흐름을 뒷받침하기 위해 배치된다. 이 유동체는 굽이치는 표면의 가벼운 느낌을 강조하는 빛과 환기를 위한 틈을 만들어내면서 갈라지고 증식한다.

이런 육중한 요소들은 사무실과 지원시설, 기능적으로 더 독립적일 필요가 있는 서비스시설을 포함한다. 남은 공간은 다양하게 나뉘어져 다양한 활동을 위해 사용될 수 있다. 건물에는 세 개의 출입구가 분리되어 설치되었는데 이것은 사용자에게 공간적, 시간적인 융통성을 부여한다. 커다란 로비의 주출입구는 방문자들을 커피숍이나 음악당으로 이끈다. 사무실로 가는 또 다른 출입구는 높은 곳에 놓여 있는데 관객이 많은 공연이 열리면 사람들은 거리에서 경사로를 따라 올라가서 세 번째 출입구에 이르게 될 것이다.

건물의 융통성은 그 공간이 다양한 규모의 회합들에 준비될 수 있게 한다. 중앙부는 3,000명을 수용하는 음악당에서 300명을 수용하는 몇 개의 방으로 나눠질 수 있다. 이런 크기는 대부분의 회의에 요구되는 규모이다. 이러한 변형은 '옷장바위(wardrobe-rocks)' 속에 자리 잡은 방음패널을 통해 가능하다. 커피숍은 독립적으로 활용될 수 있고, 대규모의 활동이 일어나지 않는 낮에 방치되는 이런 종류의 건물에서 자주 일어나는 경우를 피하고자 계속적인 서비스가 제공된다.

형태적인 복잡성에도 불구하고 시공 시스템은 꽤 단순하다. 건물은 45cm 높이의 규칙적인 철제 구조로 되어 있다. 재료의 선정은 이 센터를 주변과 최대한 어울리게 하려는 의도로 결정되었다. 이에 콘크리트와 채스네라석(chasnera stone) 혼합재가 전반적으로 사용되었다. 지붕에는 이 지방에서 나는 석재와 같은 색채를 띠면서 마감에 미묘한 차이를 부여하도록 처리된 식물섬유패널과 시멘트를 사용했다. 자연채광은 각기 다르게 구성된 요소들의 경계면에 의해 생겨난 틈새를 축소하는 일련의 철제 온실들에 의해 형성된 것이다.

The Adeje Coast Convention Centre on Tenerife has to coexist with a difficult environment due to the proximity of the South Tenerife motorway. The only reference points in the surrounding area are the rocky, semi-desert landscape and the sea, its imposing presence framing the building with a constant vision of La Gomera Island in the background.

Our response to this situation arises from an appreciation of the landscape, which we extend with emerging geometric rocks that house the programme functions. These fault lines are arranged to encourage the flow of the roof, which we imagine as a liquid in movement that outlines the space in every direction. The liquid splits and multiplies, producing cracks of light and ventilation that intensify the sensation of lightness on the undulating surface.

These massive elements contain offices, amenities and services, i.e., the areas requiring a greater functional independence. The rest of the space can be used for diverse activities with varying degrees of compartmentalization. The Centre works with three simultaneous or independent entrances, encouraging flexibility of use in space and time. The main entrance to the large foyer leads visitors to the coffee shop or the auditorium. Another entrance to the office area is set at a higher level. When concerts for large audiences are held, the public will have a third entrance up a ramp from the street.

The building´s versatility enables the space to be prepared for varying sizes of meetings. A central area can be transformed from an auditorium for up to 3,000 spectators into several small, 300-capacity rooms. The size usually required for most conferences. This transformation is achieved by sound proofed panels set in 'wardrobe-rocks'. The coffee shop can function independently and provide ongoing service to avoid the abandonment of this type of building that is often the case on days when there are no large-scale activities programmed.

The construction system is quite simple in spite of its formal complexity. It has a regular metal structure with an average height of 45cm. The choice of materials was governed by the intention to maximize the adaptation of the center to its surroundings; concrete with local chasnera stone aggregate is used throughout. For the roof, we use plant fibre panels and cement, which is given a treatment that nuances its finish making its colour the same as the local stone. Natural lighting is resolved by a series of metal glasshouses that diminish in favour of cracks produced by the interface of the different constructed components.

AMP architectos

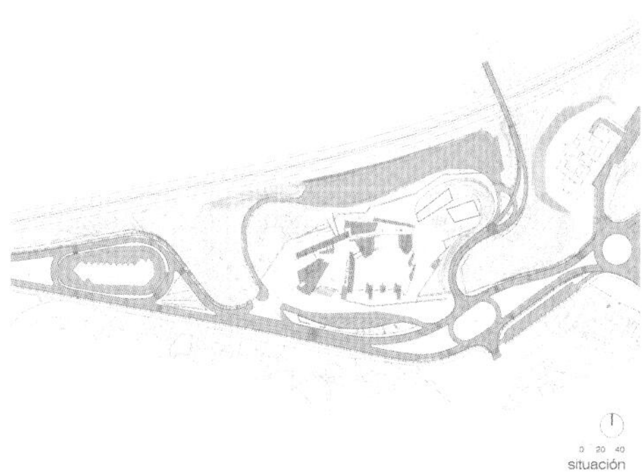

situation

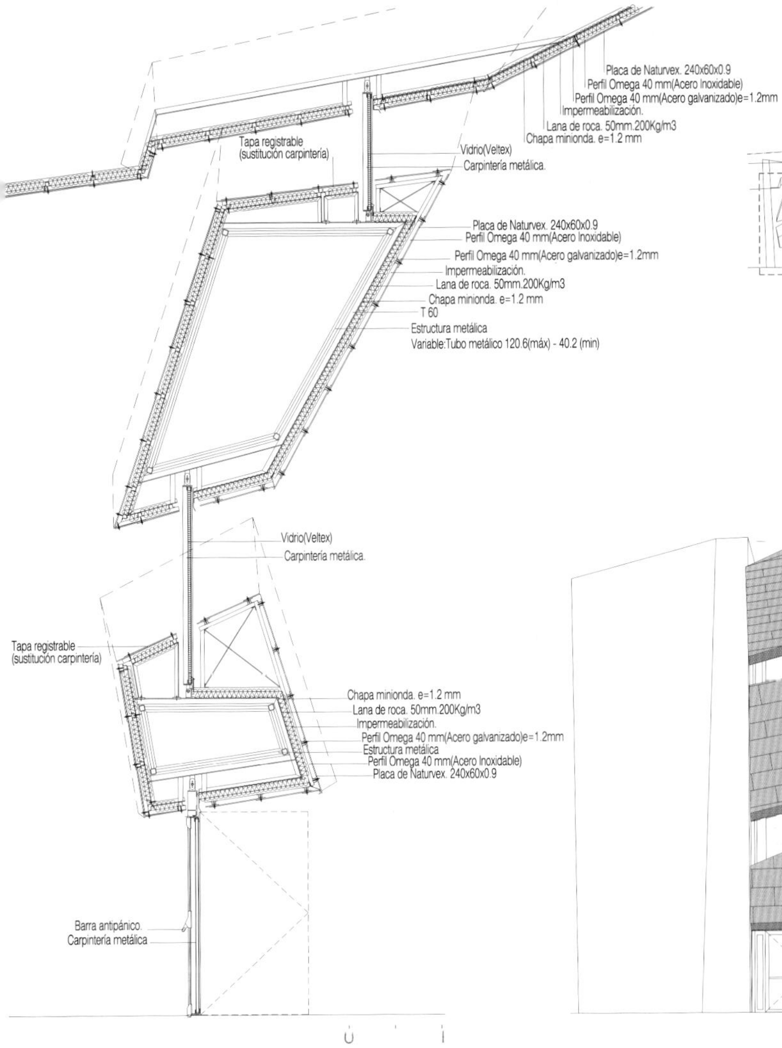

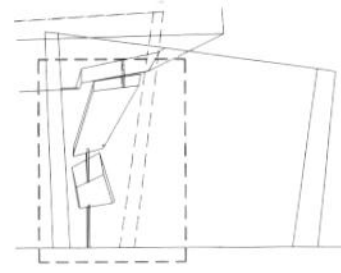
sección tipo

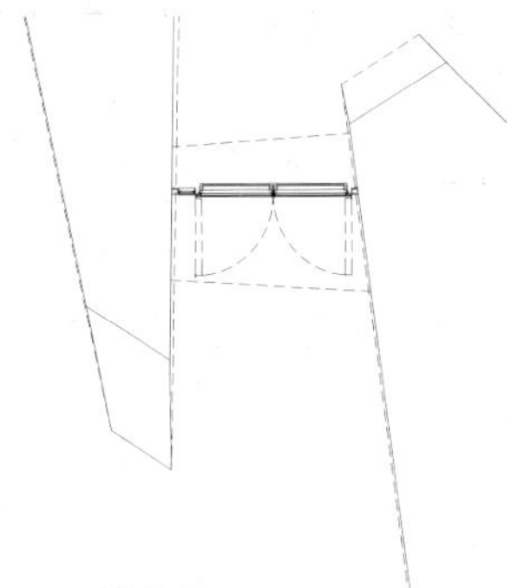
puerta tipo (planta)

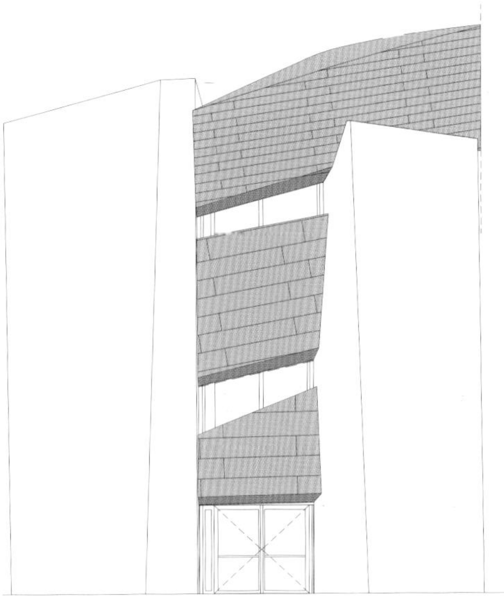
alzado

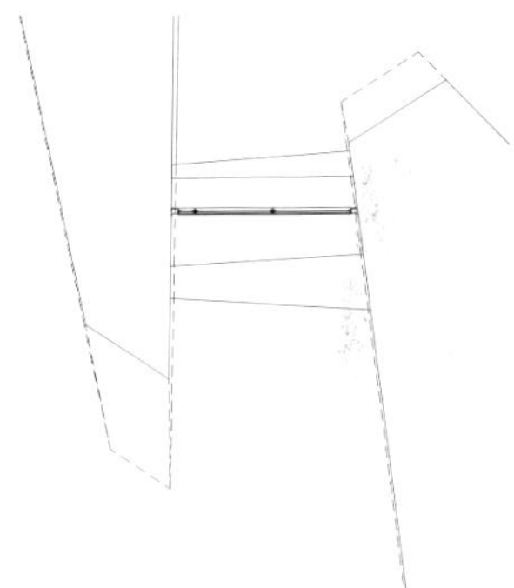
cristalera tipo (planta)

0 1 2 3

construction detail

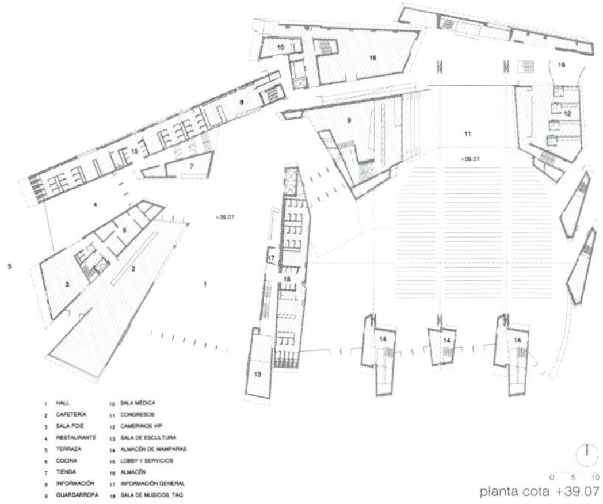

planta cota +39.07

plan +39.07

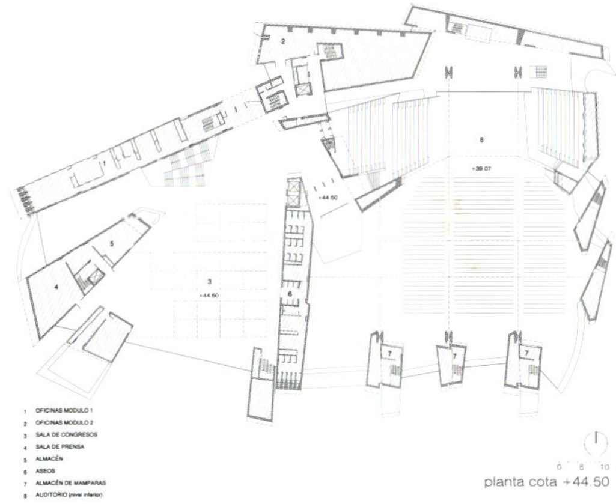

planta cota +44.50

plan +44.50

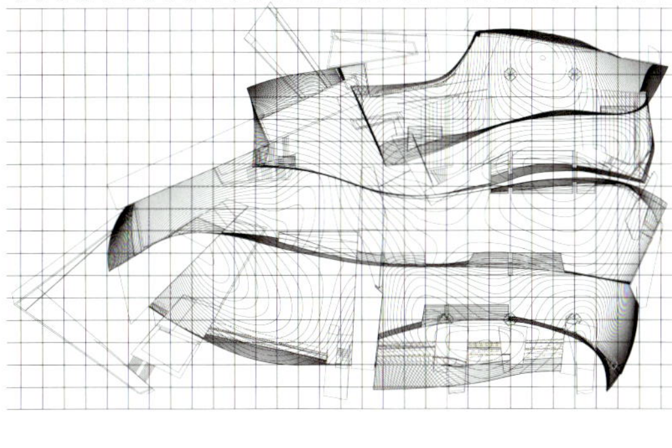

topográfico exterior de la cubierta

topographical exterior

longitudinal sections

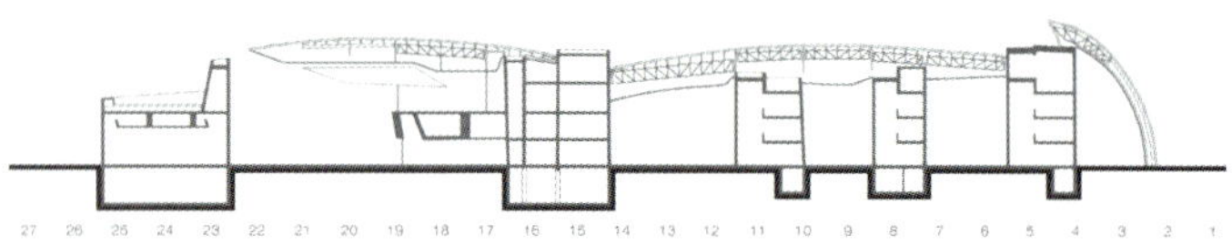

sección a-a

sección b-b

0 5 10
secciones longitudinales

cross sections

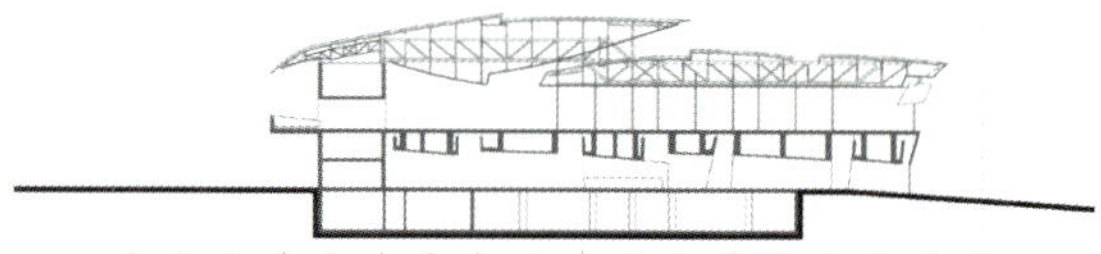

sección c-c

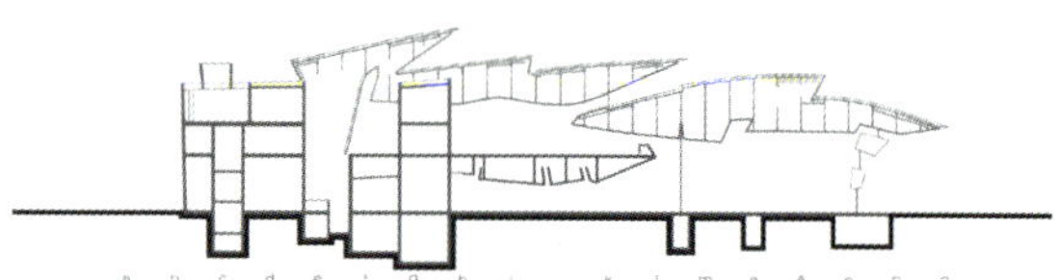

sección d-d

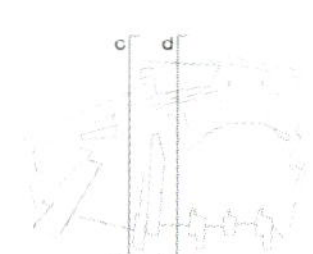

0 5 10
secciones transversales

east elevation

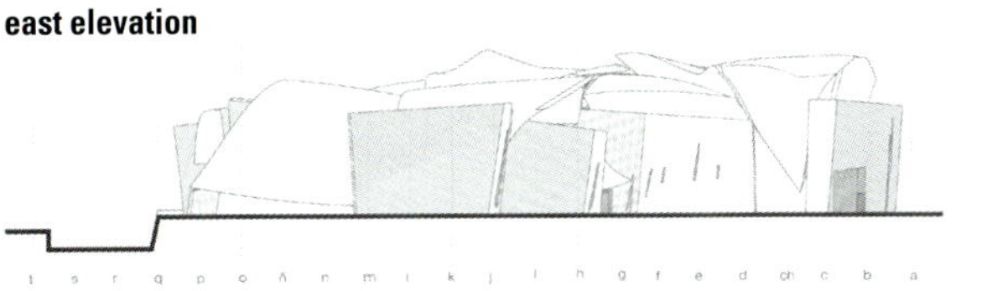

0 5 10
alzado este

north elevation

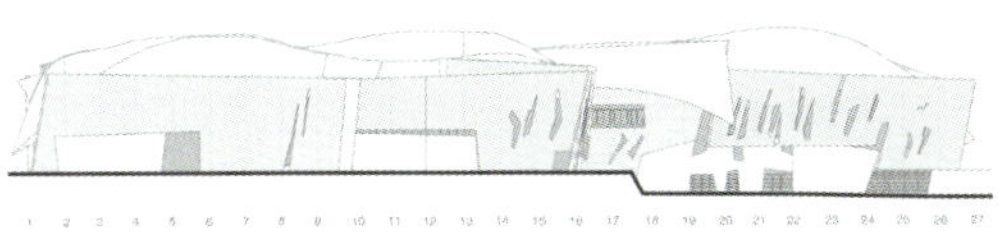

west elevation

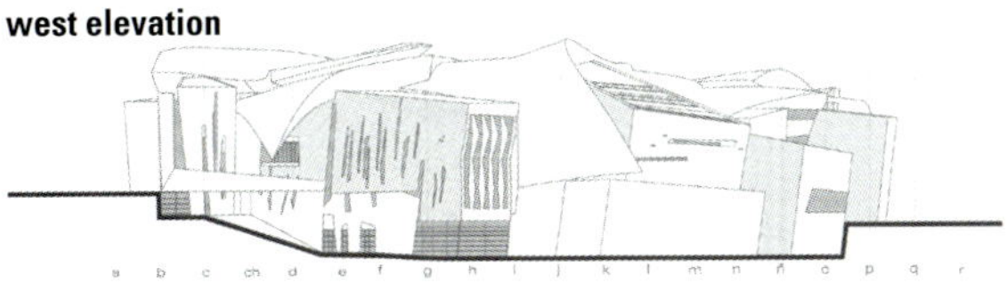

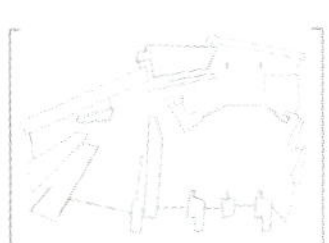

0 5 10
alzado oeste

south elevation

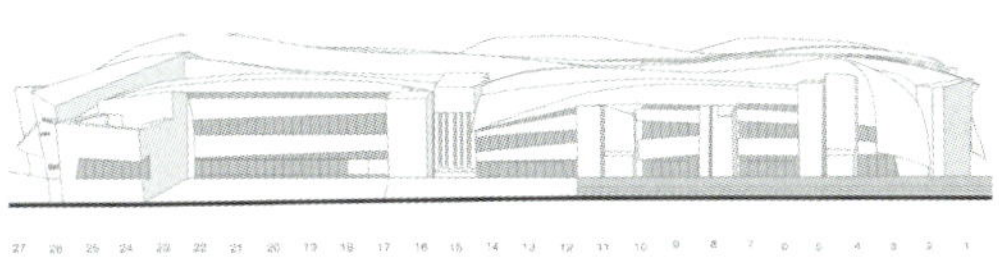

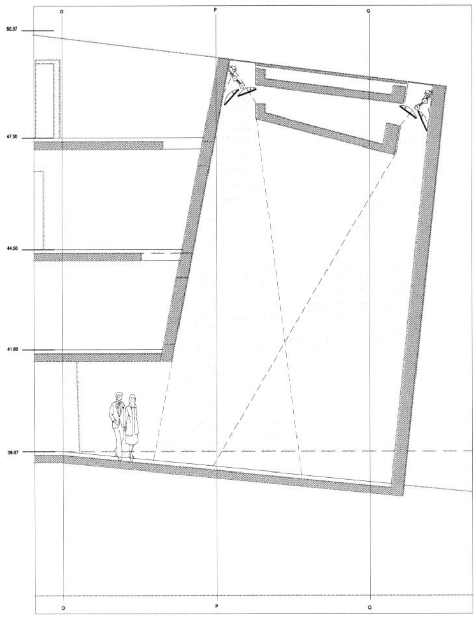

sección por sala de exposiciones

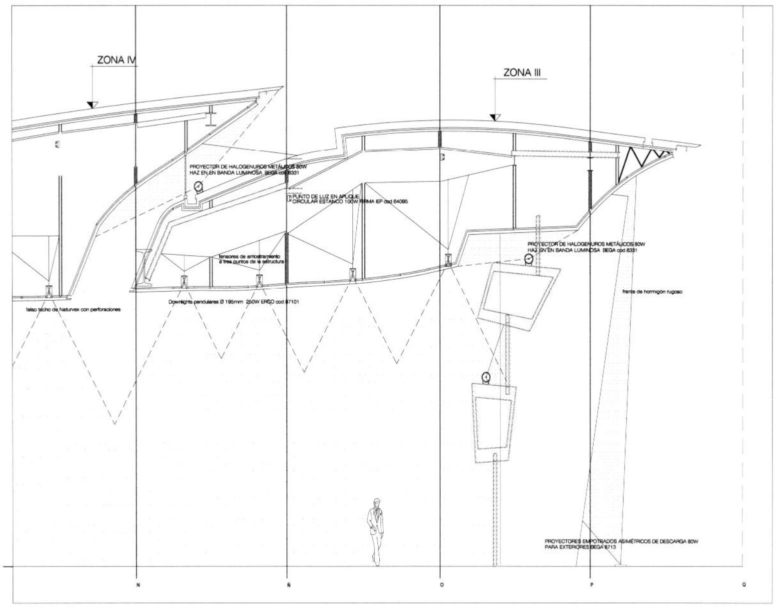

sección por sala de congresos

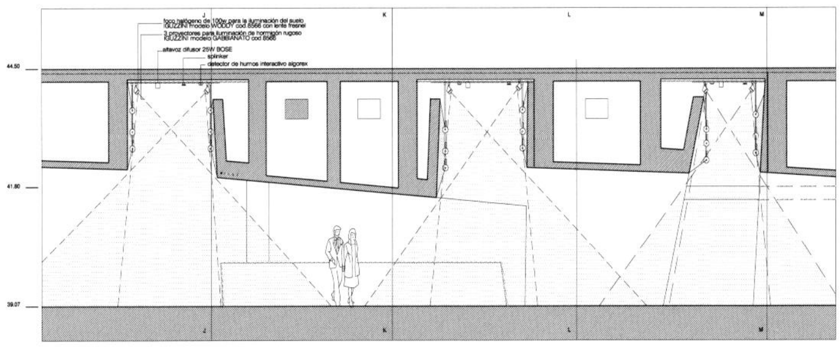

sección por vestíbulo de acceso

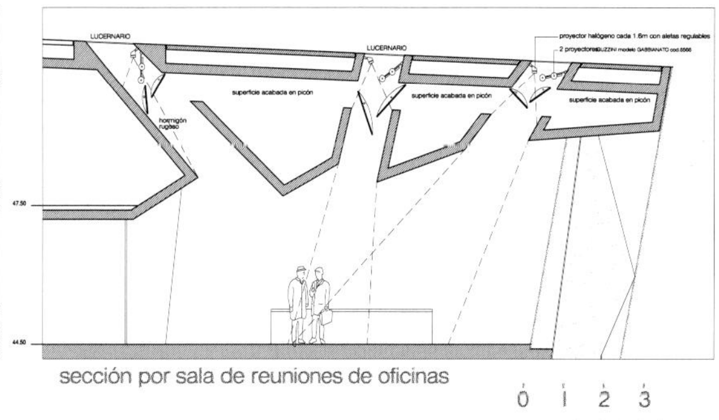

sección por sala de reuniones de oficinas

construction and material

시공

홀의 측벽과 뒷벽의 유리창 사이 영역은 몇 가지 다른 표면 마감재를 사용한 콘크리트로 시공될 것이다 (부드러운, 스터코, 벽면이 새겨진 것 등). 수직면과 비교해 볼 때 몇몇 벽체들은 6~14% 정도 기울어져 있는데, 이것은 잔향을 피하거나 객석을 향한 음향의 투사를 개선하기 위한 목적으로 객석 부분의 음향반사 조절 성능을 향상시키기 위한 것이다.

콘크리트를 기본으로 한 확산재

재료가 만들어낼 수도 있는 잔향을 감소시키기 위해 사용된 흡음재로 처리할 수 없는 부분에 사용된 확산재는 홀 내부 측벽의 특정 표면에 통합되었다. 우리가 제안한 확산재는 오직 -1과 +1의 두 가지 값만을 취하는 최대 거리 혹은 '갈루아(Galois)'라고 불리는 주기적인 의사난수 시퀀스에 근거한, MLS(최대 거리 시퀀스) 형식이다. 확산재는 톱니모양의 표면으로 이루어졌다. 그것은 평평한 반사 표면으로부터 만들어지는데 이것은 같은 폭의 스트립과 같은 깊이의 홈으로 이것들 속에서 다시 나뉜다. 각 스트립은 확산재의 조직 내에서 나타나는 유형의 반복을 방지하기 위해 의사난수 빈도 값에 의해 정해진다. 길이가 다른 시퀀스는 할당된 영역에 의해 계산되었고 시퀀스에는 하나의 구간이 사용되었다.

건물에 사용된 모든 철 공사의 기본적인 사항은 다음과 같다.

지붕의 다른 부분들을 한데 엮으면서 건물의 방향으로 뻗어나간 철제 보로 이루어진 주요 구조체(그리고 이 부분으로부터 향후 원격 스크린이 다른 영역들을 나누게 될 것이다). 구조적인 측면에서 그것들은 지붕 위의 모든 움직임을 견뎌낼 것이고, 최종적인 형태와는 별개의 것이 될 것이다. 이어서 작은 치수로 된 철제 보로 이루어진 보조구조는 두 종류로 나누어진다. 하나는 주요 보의 상부 팔에 놓일 것이고, 다른 하나는 주요 보의 하부 팔로부터 매달리게 된다. 보조 보의 각 절점에서 하나가 다른 하나 보다 작아서 다른 사각형 안으로 들어갈 수 있도록 만들어진 정사각형의 철제 파이프들로 이루어진 신축성 있는 건물의 시스템이 나타나고 이것은 지붕 위의 주어진 어느 지점에서나 x축과 y축 위에서 z좌표의 가변성을 부여한다. 일단 신축 시스템이 그 높이를 찾으면 그 장소와 밀착될 것이다. 이 시스템은 구조(건물에 들어가는 비용을 아끼고 계산을 쉽게 만들기 위한 직선으로 이루어졌다)와 모두 이중 곡면으로 이루어진 외벽과 천장을 서로 엮인 형상으로 만든다. 신축성 있는 튜브는 상부 보조 보에서 나와서 지붕을 형성하고, 하부 보로부터 하강해 건물의 천장을 형성한다. 이 모든 경우에 지붕과 천장 표면간의 연결은 해당 면속에 단면의 모양을 규정하는 45mm 두께의 철제 보를 통해 이루어지고, 이것은 3차원 KATIA 모델로부터 얻어진 단면에 따른다. 특히, 지붕의 두께가 상당히 줄어든 가장자리에 가까운 곳에는 아주 많은 특이점이 있었고, 각각의 경우를 충족하기 위해서는 더 특수한 해결책을 적용해야했다.

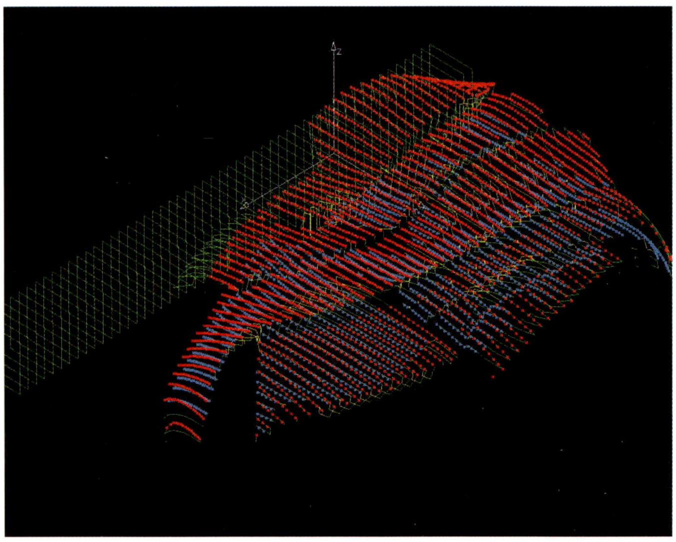

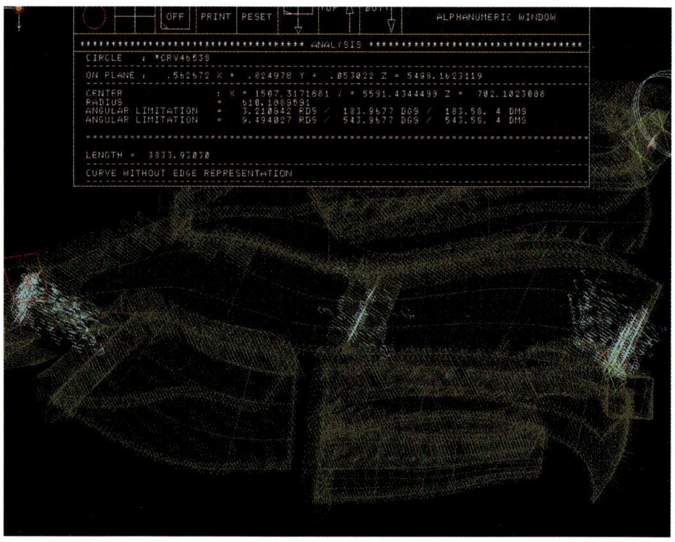

Construction

The side walls of the hall and the areas between the glass windows of the back wall will be built from concrete with a range of different surface finishes(smooth, stucco, carved).

Several of the walls have been inclined in comparison with the vertical plane(with an off-set of between 6% and 14%) in order to enhance the control of the sound reflection in the audience area, either to avoid possible echoes or to improve the projection of the sound towards the audience.

Concrete based diffusion elements

Diffuser elements have been incorporated on certain surfaces of the side walls of the hall that could not be treated with absorbent material to attenuate possible echoes that they could generate. The diffusers we propose are of the type MLS(Maximum Length Sequence), based on periodic pseudo-random sequences called maximum length or Galois, which can only take two different values: - 1 and + 1. The diffuser consists of a toothed surface. It is created from a flat, reflective surface, which is sub-divided into strips of equal width and grooves of equal depth are made in these. Each strip is assigned a pseudo-random frequency value to prevent a repetitive pattern emerging in the structure of the diffusers. Different sequences of lengths have been calculated depending on the area to be covered, and a single period has been used for each sequence.

All the metal work of the building is basically:

A main structure of metal girders that run in the direction of the building that sew together the different parts of the roof(and from which part of the mobile screens that divide the different areas will hang in the future). In structural terms, they will resist all the actions on the roof and they are independent of its final form. A secondary structure of smaller dimension metal beams that, in turn, are divided into two kinds: one that will rest on the upper booms of the main metal girders, and others that will hang from the lower booms of the main girders. From each node of secondary beams emerges a telescopic building system consisting of a couple of square steel pipes, one of which is smaller, so that it can slide inside the other one, giving the z co-ordinate variability in the x and y axis of any given point of the roof. Once the telescopic system has found its level, it will be welded in place. This system makes the structure(made up of straight lines to save money in the building and to make the calculations easier) and the external enclosure and the ceiling, both of which have a double curve, sinuous shape.

The telescopic tubes rise up from the upper secondary beams, giving shape to the roof, and descend from the lower beams, giving form to the ceiling of the building. In both cases, the connection with the surfaces of the roof and the ceiling is via 45 mm T section metal beams that mark the shape of the section in the pertinent plane, depending on the sections obtained from a three dimensional KATIA model. Moreover, there is a large number of singular spots, especially close to the edges, where the thickness of the roof diminishes considerably and where more specialised solutions had to be adopted to meet the needs of each case.

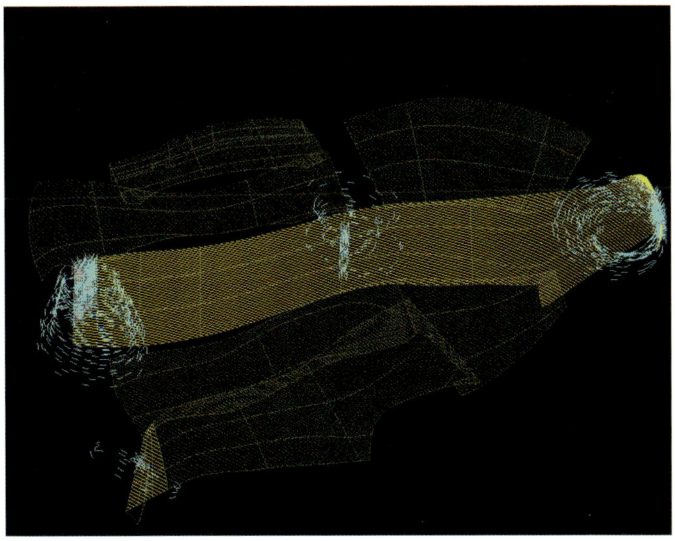

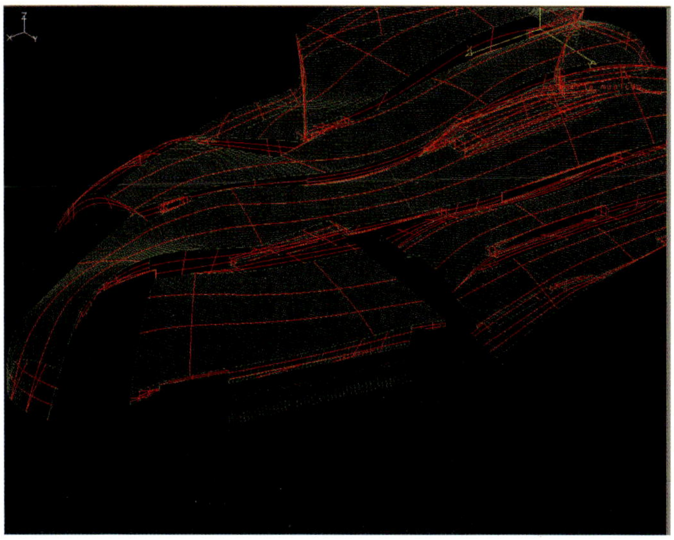

Glass

"우리는 대개 폐쇄적인 공간에서 살고 있다. 이것이 우리의 문화 발전 환경을 형성하고 있다. 우리의 문화는 우리 건축의 정확한 산물이다. 만약 우리가 문화를 보다 높이 추진하길 바란다면, 어쨌든 건축을 변화시키지 않으면 안된다. 그리고 이것은 우리가 살고 있는 공간에서 둘러 싸여 있다는 느낌을 제거해야만 처음으로 가능하게 될 것이다. 그것을 달성하기 위해서는 유리 건축을 도입하는 방법 밖에 없을 것이다. 거기에는 햇빛과 달과 별의 빛도, 한 쌍의 창에서가 아니라 색유리를 사용한 전면의 벽에 서 가능한 많이 실내로 들어올 것이다. 이렇게 창출된 새로운 환경은 새로운 문화를 가져올 것이다."

파울 셰어바르트, 유리건축, 1914/서양 근 · 현대 건축의 역사, 스즈키 히로유키, 시공사, 2003, pp249-250

**collaboration old and new by steven holl collaboration old and nev
by steven holl collaboration old and new by steven holl collaboratio
old and new by steven holl collaboration old and new by steven ho
collaboration old and new by steven holl collaboration old and nev
by steven holl collaboration old and new by steven holl collaboratio
old and new by steven holl collaboration old and new by steven ho
collaboration old and new by steven holl collaboration old and nev
by steven holl collaboration old and new by steven holl collaboratio
old and new by steven holl collaboration old and new by steven ho
collaboration old and new by steven holl** tag: Steven holl, Higgin
hall, Nelson Atkins, museum, school, addition, urban insertior
historic, glass, masonry, translucent, misalignment, light, expansior
experiential, landscape, lense, context, contrast, transparent
materializing, insulation, Breathing Ts, flexiblitiy, integration, ar
architecture **collaboration old and new by steven holl collaboratio
old and new by steven holl collaboration old and new by steven ho
collaboration old and new by steven holl collaboration old and nev
by steven holl collaboration old and new by steven holl collaboratio
old and new by steven holl collaboration old and new by steven ho
collaboration old and new by steven holl collaboration old and nev
by steven holl collaboration old and new by steven holl collaboratio
old and new by steven holl collaboration old and new by steven ho
collaboration old and new by steven holl collaboration old and nev
by steven holl collaboration old and new by steven holl collaboratio
old and new by steven holl collaboration old and new by steven ho
collaboration old and new by steven holl collaboration old and nev
by steven holl collaboration old and new by steven holl collaboratio
old and new by steven holl collaboration old and new by steven ho
collaboration old and new by steven holl collaboration old and nev
by steven holl collaboration old and new by steven holl collaboratio
old and new by steven holl collaboration old and new by steven ho
collaboration old and new by steven holl collaboration old and nev
by steven holl collaboration old and new by steven holl collaboratio
old and new by steven holl collaboration old and new by steven ho
collaboration old and new by steven holl collaboration old and nev
by steven holl collaboration old and new by steven holl collaboratio
old and new by steven holl collaboration old and new by steven ho
collaboration old and new by steven holl collaboration old and nev
by steven holl collaboration old and new by steven holl collaboratio
old and new by steven holl collaboration old and new by steven ho**

ollaboration old and new by steven holl collaboration old and new
y steven holl collaboration old and new by steven holl collaboration
ld and new by steven holl collaboration old and new by steven holl
ollaboration old and new by steven holl collaboration old and new
y steven holl collaboration old and new by steven holl collaboration
ld and new by steven holl collaboration old and new by steven holl
ollaboration old and new by steven holl collaboration old and new
y steven holl collaboration old and new by steven holl collaboration
ld and new by steven holl collaboration old and new by steven holl
ollaboration old and new by steven holl collaboration old and new
y steven holl collaboration old and new by steven holl collaboration
ld and new by steven holl collaboration old and new by steven holl
ollaboration old and new by steven holl collaboration old and new
y steven holl collaboration old and new by steven holl collaboration
ld and new by steven holl collaboration old and new by steven holl
ollaboration old and new by steven holl collaboration old and new
y steven holl collaboration old and new by steven holl collaboration
ld and new by steven holl collaboration old and new by steven holl
ollaboration old and new by steven holl collaboration old and new
y steven holl collaboration old and new by steven holl collaboration
ld and new by steven holl collaboration old and new by steven holl
ollaboration old and new by steven holl collaboration old and new
y steven holl collaboration old and new by steven holl collaboration
ld and new by steven holl collaboration old and new by steven holl
ollaboration old and new by steven holl collaboration old and new
y steven holl collaboration old and new by steven holl collaboration
ld and new by steven holl collaboration old and new by steven holl
ollaboration old and new by steven holl collaboration old and new
y steven holl collaboration old and new by steven holl collaboration
ld and new by steven holl collaboration old and new by steven holl
ollaboration old and new by steven holl collaboration old and new
y steven holl collaboration old and new by steven holl collaboration
ld and new by steven holl collaboration old and new by steven holl
ollaboration old and new by steven holl collaboration old and new
y steven holl collaboration old and new by steven holl collaboration
ld and new by steven holl collaboration old and new by steven holl
ollaboration old and new by steven holl collaboration old and new
y steven holl collaboration old and new by steven holl collaboration
ld and new by steven holl collaboration old and new by steven
ollcollaboration old and new by steven holl collaboration old and

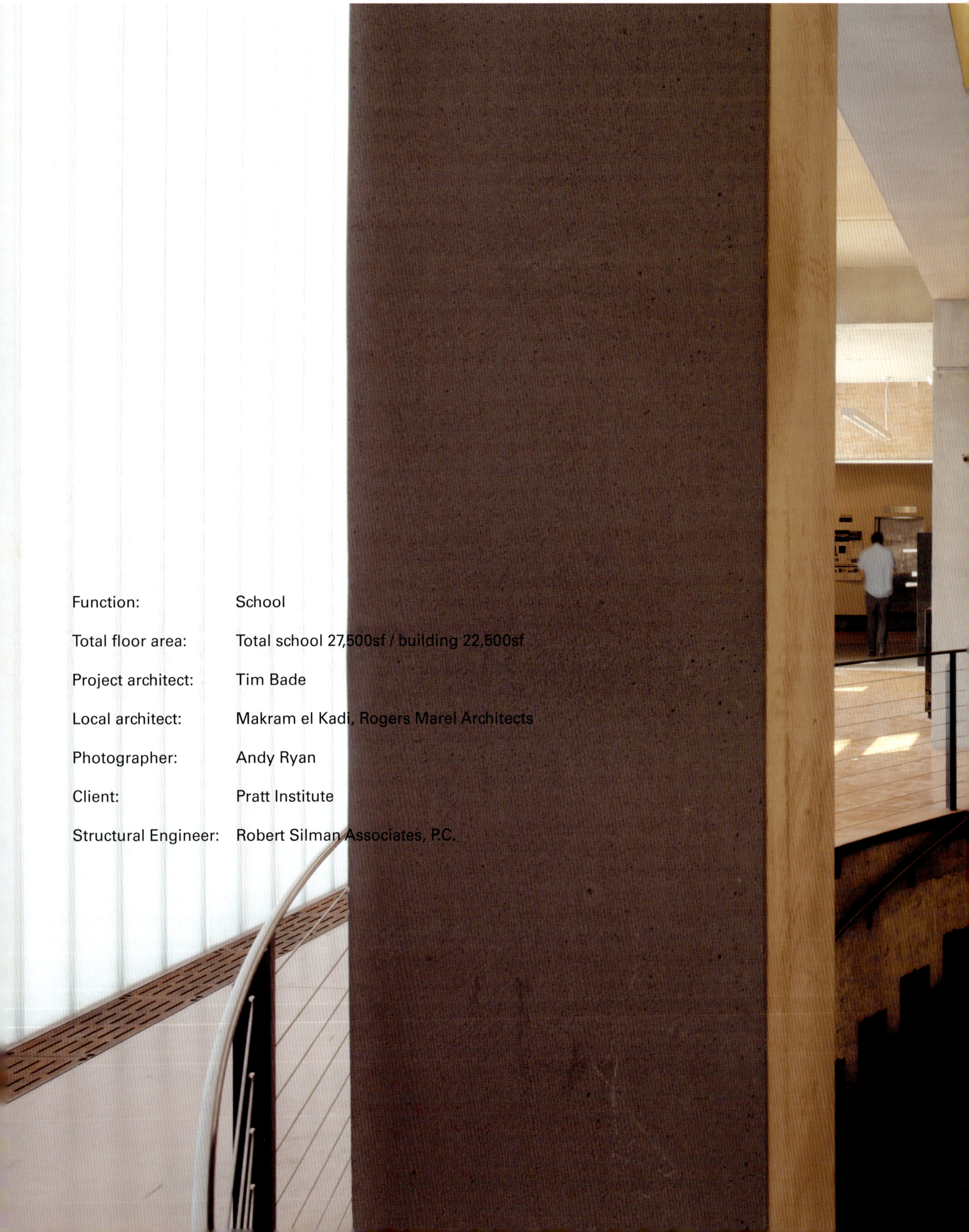

Function:	School
Total floor area:	Total school 27,500sf / building 22,500sf
Project architect:	Tim Bade
Local architect:	Makram el Kadi, Rogers Marel Architects
Photographer:	Andy Ryan
Client:	Pratt Institute
Structural Engineer:	Robert Silman Associates, P.C.

Higgins Hall

New York, USA
Steven Holl Architects
1997-2005

새로 지은 히긴스 홀 중앙부(Higgins Hall Center Section)는 인접한 2개의 역사적인 랜드마크 건물의 단면으로부터 유추된 도시의 삽입물이다. 북측과 남측 윙(wing)의 바닥 슬라브들은 서로 일치하지 않는다. 이런 상황을 새로운 유리재질의 영역으로 끌어들여 중앙부에서 '불일치 구역'과 만나도록 하면서 학교의 새로운 출입구로 만들었다.

새로운 유리 삽입부와 함께 두 석조건물은 평면상 'H'자를 형성한다. 동쪽과 서쪽을 바라보는 중정은 1996년 발생한 화재 후 남은 재생 적벽돌로 포장되었다. 동쪽을 향한 중정은 내부 건물군의 녹지마당을 멀리 바라다보고 있고, 서쪽 중정은 성 제임스 플레이스(St. James Place)의 정면을 형성하고 있다.

적벽돌로 된 주춧돌 위에 올라선 유리 센터는 6개의 프리캐스트 콘크리트 기둥에 의해 지지된다. 캐나다에서 건조된 두꺼운 철골 빔과 기둥은 석재와 유사한 뼈대를 형성하고, 반투명의 백색 단열층을 함유한 'U'자 모양의 구조재로 쓰인 유리판은 두껍고 빛나는 표피를 형성한다. 두터운 외피는 외부로의 조망을 위해 동선을 북쪽과 남쪽으로 전환하는 불일치 구역의 투명유리에 의해 차단되는데, 이것은 내부의 경사로와 나란히 놓여있다.

층사이의 불일치는 단면에서 수직적으로 이동함으로 더욱 더 변화를 준 불일치된 영역 안에서 볼 수 있다. 1층에서의 높이 차는 1/2 인치이고, 2층에서는 1피트 8인치, 3층에서는 4피트 9인치, 4층에서는 6피트 7인치로 늘어난다. 높이 차는 손가락 두께에서 시작되어 인간적 척도로까지 확장된다. 개구부가 두 개인 천창은 이 중앙부에서 제일 높은 곳을 차지하면서 남쪽과 북쪽의 서로 다른 빛을 통합한다. 이것은 마치 불협화음 속에서 조화를 이루어내는 화음과 유사하다.

증축된 중앙부에는 토마스 한라한(Thomas Hanrahan) 학장 지도로 건축대학이 새롭게 개편되었다. 이로써 처음으로 북쪽과 남쪽의 윙이 서로 기능적으로 연결되었고 건축대학은 분명한 출입구와 진입마당을 갖게 되었다.

새로 생겨난 기능적 공간에는 디자인 스튜디오를 위한 공간, 강의실과 미디어 사무실, 레오 쿤(Leo Kuhn) 출입구, 리셉션 구역, 디지털 프로젝션이 가능하고 초과 좌석을 갖춘 새로운 강당, 그리고 새로운 로버트 시걸(Robert H. Siegel)의 건축 갤러리 등이 포함된다.

톰 슈트(Tom Schutte) 총장의 지도력, 로저스 마블건축사무소(Rogers Marvel Architects)의 협력작업, 시암 건설(Sciame Construction)의 기술력 등을 통해 이 위대한 건축학교는 밤마다 이곳에서 빛을 발할 것이다.

The new Higgins Hall Center Section is an urban insertion which draws from the sections of the two adjacent historic land-marked buildings. Floor plates of the north and south wings do not align. By drawing this misalignment into the new glass section to meet at the center a 'dissonant zone' is created which marks the new entry to the school.

The two masonry buildings together with the new glass insertion form an 'H' in plan. New courts facing east and west are paved in the reused red brick which was salvaged following the fire that took place in 1996. The east facing court overlooks the green yards of the inner block, while the west court is shaped as the main front on St. James Place.

Rising from this red brick plinth, the glass center is supported on six pre-cast concrete columns. Fabricated in Canada the thick steel beams and columns form stone-like bones, while the 'U' shaped structural glass planks with translucent white insulation form a thick glowing skin. The thick skin is interrupted by clear glass at the dissonant zone, which is aligned with the internal ramps, turning the circulation north and south for views out.

The misalignment in floors can be seen in the dissonant zone which varies increasingly as it moves vertically in section: on the first floors, the misalignment is ½ inch; on the second floors it is 1 foot 8 inches, on the third floors it is 4 feet 9 inches, and on the fourth floors it is 6 feet seven inches. Thus, the dissonance moves from the detail thickness of a finger to human scale. A two-throated skylight marks the top of this center wing, joining two types of light; south light and north light, analogous to harmonious sounds in a dissonant chord.

Rebuilding the center allows a new arrangement of the School of Architecture under the direction of Dean Thomas Hanrahan. For the first time the north and south wings are functionally connected, and the School of Architecture a single, clearly-oriented entrance and central entrance court.

The new functional spaces include: New design studio spaces, classrooms and media office, the Leo Kuhn entrance / reception area, a new auditorium with overflow seating for digital projection, and the new Robert H. Siegel Architecture Gallery.

With President Tom Schutte's leadership, the collaboration of Rogers Marvel Architects, and the skill of Sciame Construction, a great architecture school will glow here at night.

Steven Holl

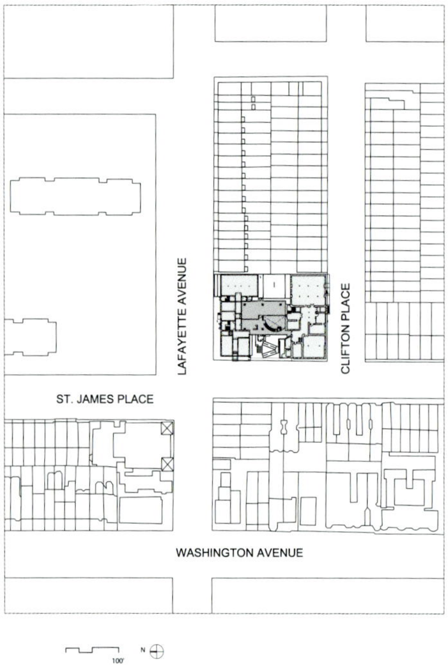

site plan

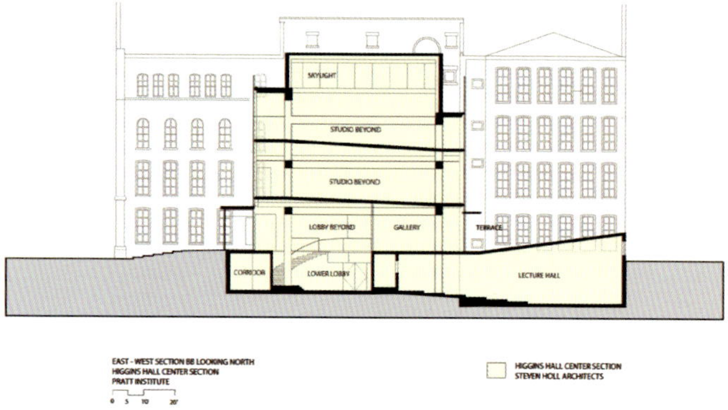

east-west section

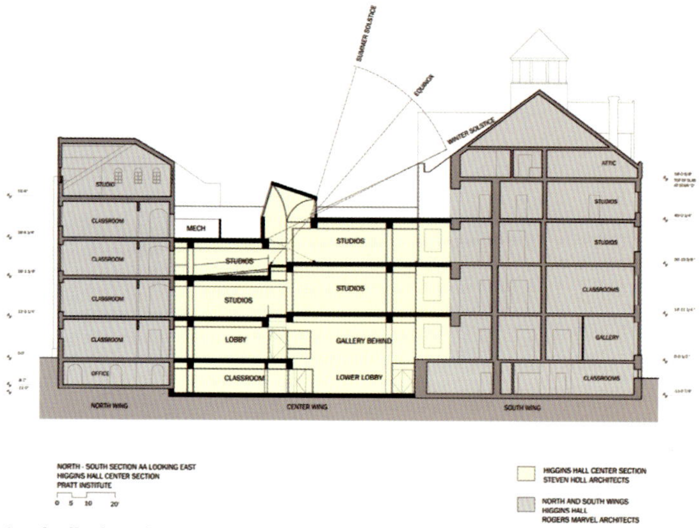

longitudinal section

재료:

주춧돌_ 벽돌, 불탄 기존건물의 상당부분이 슬럼프테스트를 거친 벽돌로 재활용되어, 동쪽의 새로운 진입마당과 서쪽으로의 전망테라스를 형성하는 콘크리트 토대로 재활용되었다.

골조_ 적벽돌로 된 주춧돌 위에 6개의 프리캐스트 콘크리트(Pre-cast concrete) 보와 기둥이 놓여졌다. 캐나다에서 건조된 두꺼운 철골빔과 기둥은 석재와 유사한 뼈대(bones)를 형성한다. 바닥 슬라브는 캐스트인플레이스 콘크리트 토핑 슬라브(cast-in-place concrete topping slabs)로 된 프리캐스트 콘크리트판으로 만들어졌다. 프리캐스트판의 속이 빈 코어들은 홈을 연결하는데 사용된다.

외벽_ 반투명의 백색 단열층을 함유한 이중으로 맞물린 'U'자 모양의 구조재로 쓰인 유리판은 빛나는 두꺼운 표피를 형성한다. '불일치 구역(dissonant zone)'의 투명한 유리 창문은 외부로의 조망을 위해 동선을 북쪽과 남쪽으로 전환시키는 내부 경사로와 조화를 이루며 배치되었다.

절연 유리로 된 천창과 조립된 알루미늄으로 된 '두개의 굴뚝(two-throated)'처럼 생긴 천창은 이 중앙부에서 제일 높은 곳을 차지하면서, 남측과 북측의 서로 다른 두 가지 성질의 빛을 통합한다. 이것은 마치 불협화음 속에서 조화를 이루어내는 화음과 유사하다고 볼 수 있다.

갤러리 문_ '경화 알루미늄 폼(Stabilized Aluminum Foam)'은 철과 거품작용제의 가루혼합물을 고밀도로 압축하고, 그 다음 압축 거품 전구체 물질을 금속의 용융점까지 가열함으로써 제조된다. 가스 거품은 반경화 금속의 확장되는 본체에 공극을 만들면서 경화과정 내내 유지된다. 결과적으로 이것을 통해 공극률이 아주 높은 가벼운 구조를 갖게 된다.(50-90 vol %범위).

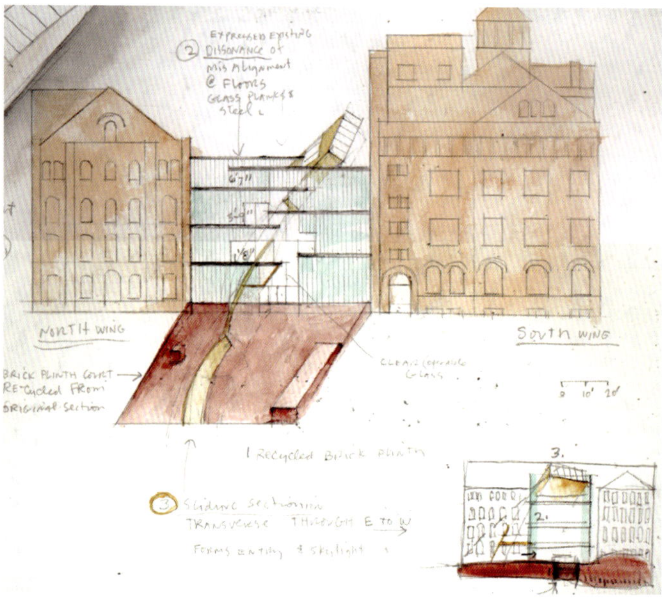

section concept

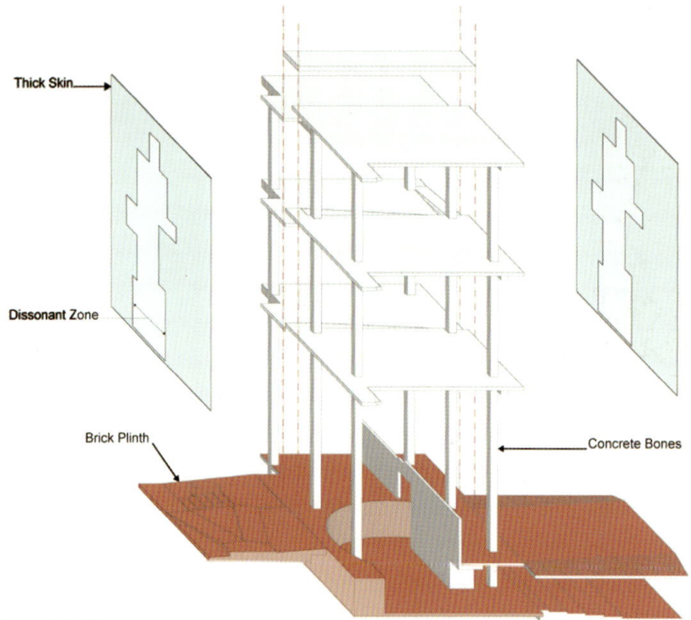

isometric diagram

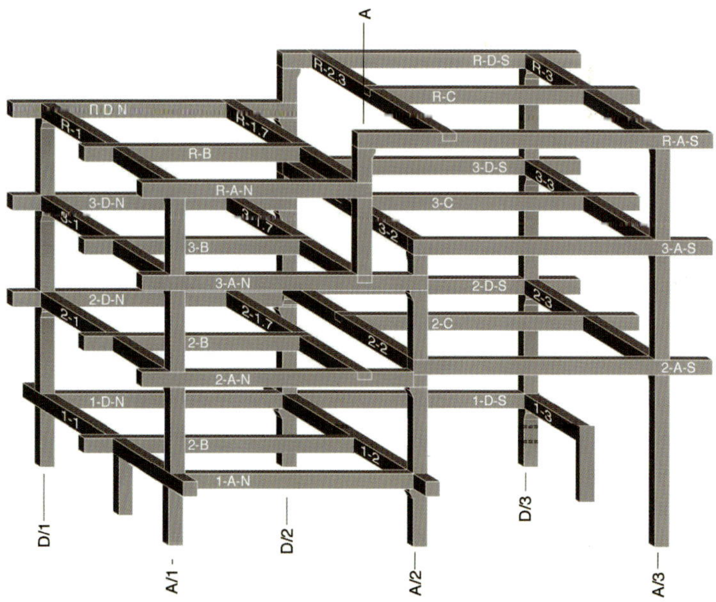

beam structure

before fire

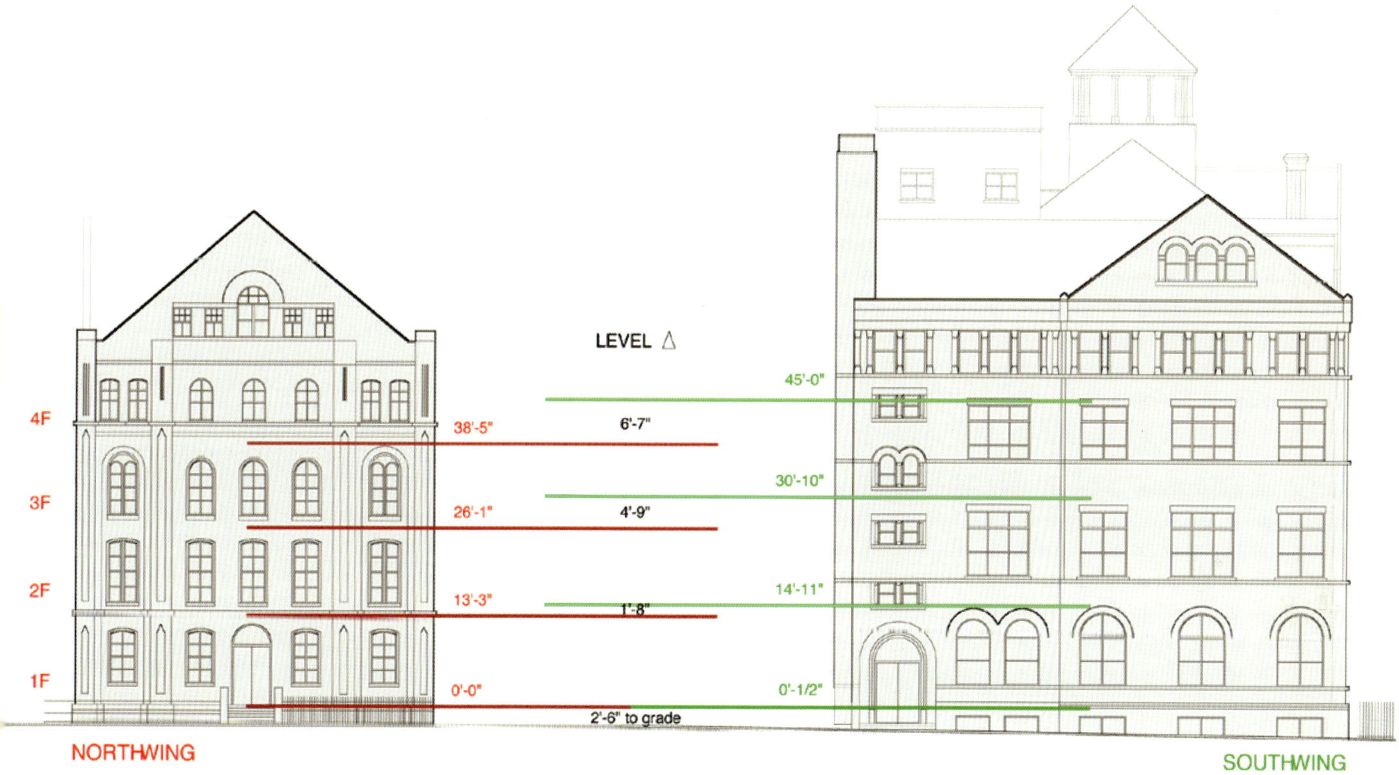

dissonant floor

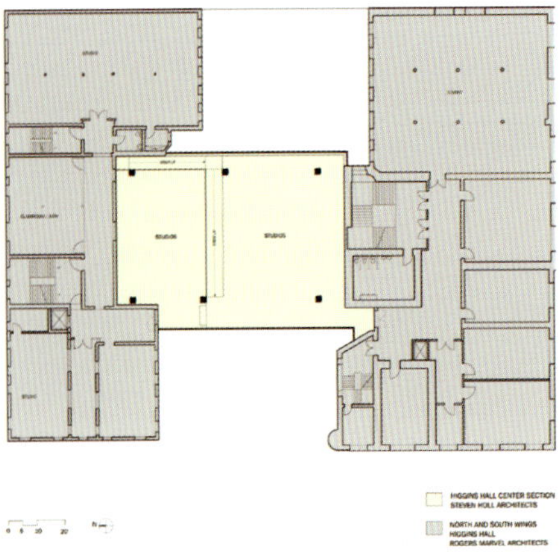

3rd floor plan

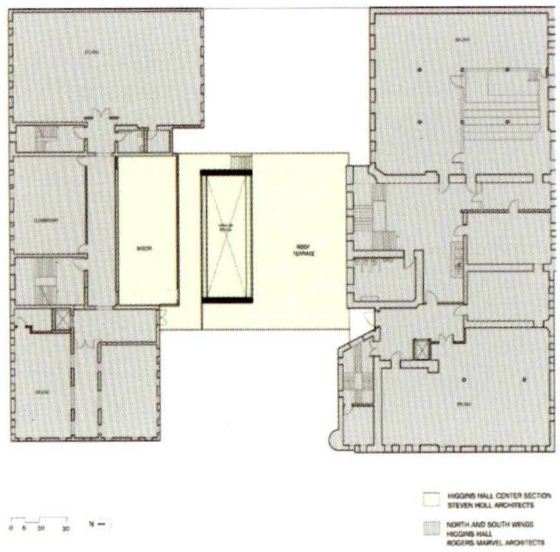

4th floor plan

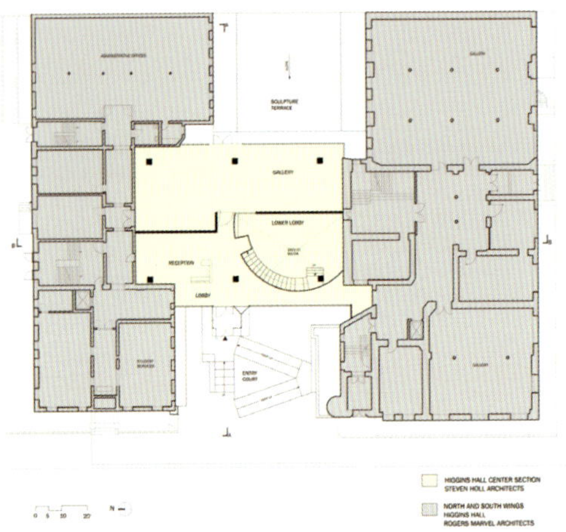

1st floor plan

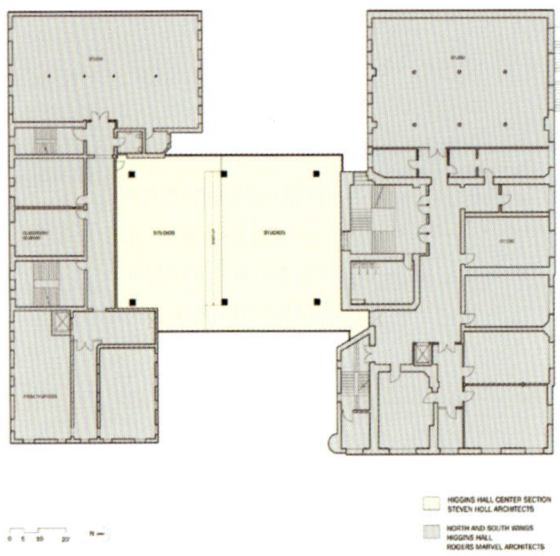

2nd floor plan

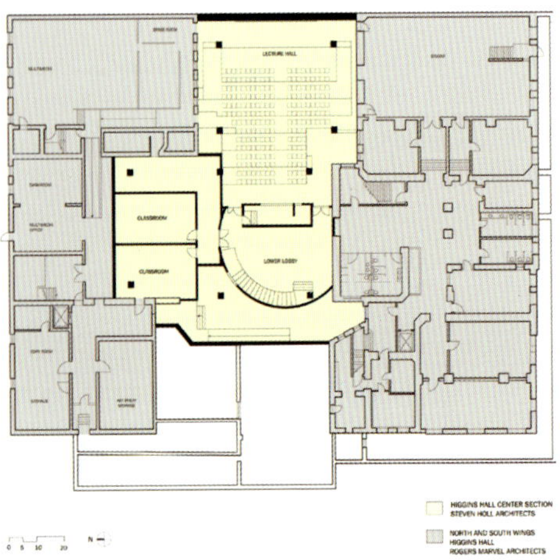

basement plan

EXIT

Function:	Museum
Total floor area:	165,000sf(addition), 234,000sf(renovation)
Project architect:	Steven Holl, Chris McVoy, Martin Cox, Richard Tobias
Local architect:	Berkebile Nelson Immenschuh McDowell Architects
Photographer:	Roland Halbe, Chris McVoy
Client:	Nelson-Atkins Museum of Art
Structural Engineer:	Guy Nordenson and Associates

Nelson-Atkins Museum of Art

Missouri, USA
Steven Holl Architects
1999-2007

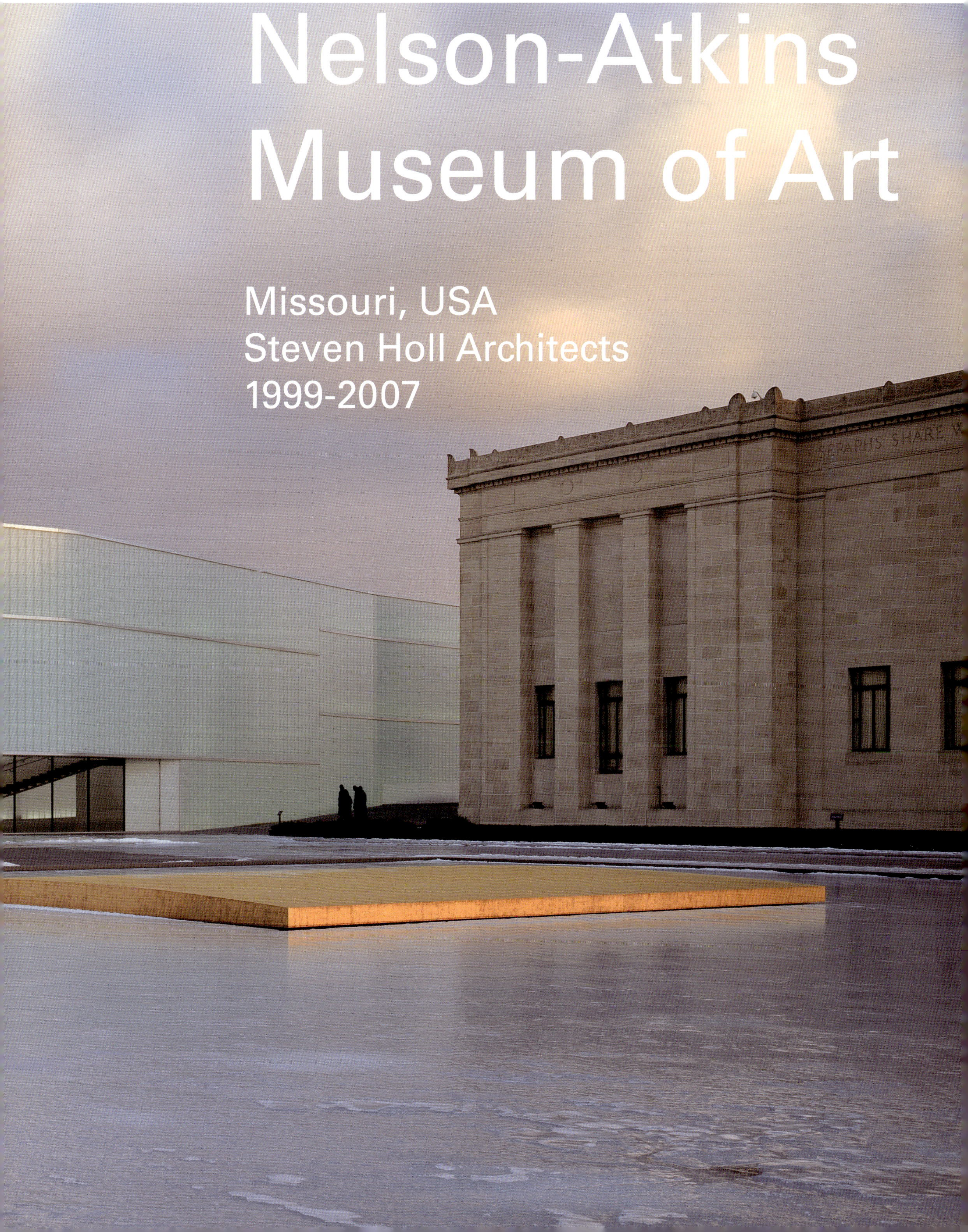

넬슨 앳킨스 미술관(The Nelson Atkins Museum of Art)의 증축건물은 방문객들에게 시간과 공간을 지나는 개인의 움직임을 통해서 인식되며 펼쳐지는 실험적인 건축을 창조하고자 건축과 조경을 융합한다. 블로크 빌딩(Bloch Building)이라 불리는 증축건물은 미술관 전체부지를 방문자를 위한 체험공간으로 변화시키면서 기존의 조각공원과 관계를 맺고 있다. 캠퍼스의 동쪽 가장 자리를 따라 확장된 새로운 증축건물은 새로운 공간과 조망을 형성하면서 기존 건물로부터 조각공원을 가로지르는 다섯 개의 유리렌즈로 그 모습을 드러낸다. 조경, 건축, 예술의 혁신적인 통합은 예술과 건축 간의 활발하고 보완적인 관계를 만들고자 미술관 큐레이터와 예술가들과의 긴밀한 협동작업을 통해 이루어졌다.

방문자는 증축건물을 돌아보는 동안 한 층에서 다른 층으로, 내부에서 외부로의 장면들을 통해 빛, 예술, 건축, 조경 간의 흐름을 체험하게 될 것이다. 증축건물에 사용된 집광렌즈들의 연관된 움직임은 주변 상황과의 민감한 관계를 기초로 한 유동적인 역동성 안에서 새로운 건물을 조경과 연결해준다. 새로운 요소들은 매스를 하나 더 추가한 것으로 끝나는 것이 아니라 1933년 지어진 기존의 건물, 고전적인 '예술에 바친 신전(Temple to Art)'과 상호보완적인 대조를 이루며 존재하고 있는 것이다.

기존건물	증축건물(상호보완적으로 대조를 이루는)
불투명	투명
무거움	가벼움
밀봉됨	망구조
내부지향적 조망	조경을 향한 조망
한계성	비한계성
순로형	개방된 순로형
단일 매스	투명한 렌즈들

다섯 렌즈 중 첫 번째 렌즈는 카페, 아트 라이브러리와 서점이 있는 밝고 투명한 로비를 형성한다. 이 렌즈는 사람들을 미술관 안으로 끌어들여 정원 내부를 향해 나아가는 동안에 갤러리의 경사로를 통과해 이동하도록 한다. 로비부터 새로운 교차 축이 기존건물의 대공간을 관통하며 연결된다. 밤에는 로비의 빛나는 유리 덩어리가 방문객들을 진행 중인 행사나 활동으로 유인하며, 친근한 투명성을 부여한다.

렌즈의 반투명 복층 유리는 빛을 모으고, 흩뜨리고, 굴절시키고, 때로는 얼음블록 같은 형태를 부여한다. 낮 동안 렌즈들은 다양한 성질의 빛을 갤러리 속으로 유입하고, 밤에는 조각공원이 자체의 빛을 발산한다. 조각공원에 놓인 렌즈 사이를 연결하는 '구불구불한 길'은 하부의 연속된 갤러리 레벨을 지나가는 개방된 흐름 안에서 물결치며 채워진다. 콜렉션의 연결을 위해 연속적으로 구성된 갤러리들은 서서히 공원을 향해 내려가고, 군데군데 조경을 향한 조망이 형성되어 있다.

증축부분에 대한 설계에는 지속 가능한 건축물의 개념이 사용되었다. 조각공원은 렌즈들 사이에서 조각품들이 놓여 있는 중정을 만들어내면서 지속적으로 상승해 갤러리 지붕까지 이르는데 또한, 공원은 양질의 단열효과와 빗물조절시스템을 제공하고 있다. 증축된 렌즈들의 중심에는 빛과 공기 분배 조절 개념이 통합된 구조개념이 있다. '숨쉬는 T(Breathing Ts)'는 매달린 유리창을 지탱하는 동시에 공조덕트(HVAC)에 필요한 위치를 제공하면서, 곡면형 구조의 아랫면을 따라 빛을 갤러리까지 내려보낸다. 렌즈들의 이중유리 사이 공간은 겨울에는 태양에 의해 달구어진 열을 취합하고 여름에는 그 열을 배출한다. 모든 종류의 미술과 미디어 설치물을 위한 최적의 조도와 계절에 따른 가변적인 요구사항들은 컴퓨터가 조절하는 스크린과 유리 사이 빈 공간에 삽입된 특수한 반투명 단열재를 통해 확보된다. 갤러리 아래에 연속된 지하 서비스 층은 '숨쉬는 T'로의 융통성 있는 접근성과 예술작품의 반입, 수장, 처리 공간을 제공한다.

예술과 건축의 독창적인 통합방식에는 이 시대의 위대한 미니멀리스트 중 한 명인 월터 드 마리아와의 공동작업이 포함된다. 드 마리아(De Maria)의 조각작품 '우리의 태양/34개의 달(One Sun /34 Moons)'은 기존 건물과 새로운 '로비 렌즈'에 의해 형성된 새로운 출입공간을 형성하는 넓은 진입광장의 중심부에 놓여있다. 이곳은 반사풀이 있고 화강석으로 포장되었다. 그 작품의 '달'은 물에 의해 굴절된 빛을 아래층의 주차장으로 투영하는 원형의 천창 디스크이다. 차량 도착 홀로 여겨지는 주차장은 자연스럽게 자리를 잡으면서 바로 신축 미술관 로비와 두 레벨로 연결되고, 혁신적인 프리캐스트 콘크리트 '웨이브-T(wave-T)'로 이루어진 주름진 둥근 천장으로 펼쳐지게 된다.

건축적인 개념과 미술관의 주요 동양 예술 소장품 사이의 긴밀한 관계는 예술, 건축, 조경의 영원한 통합을 드러내는 12세기 '치앙 셴(Chiang Shen)의 푸른 산맥(Verdant Mountains)'이나 16세기 '초우 첸(Chou Ch'en)의 북해(The North Sea)'같은 상설전시관의 작품들에 의해 잘 나타난다. 증축건물은 기존 조각정원과의 연결을 설정하고 새로운 이사무 노구치(Isamu Noguchi) 조각정원을 통해 이러한 융합을 표현하고 있다.

MUSEUM OF FINE ARTS

The expansion of The Nelson Atkins Museum of Art fuses architecture with landscape to create an experiential architecture that unfolds for visitors as it is perceived through each individual's movement through space and time. The new addition, named the Bloch Building, engages the existing sculpture garden, transforming the entire Museum site into the precinct of the visitor's experience. The new addition extends along the eastern edge of the campus, and is distinguished by five glass lenses, traversing from the existing building through the Sculpture Park to form new spaces and angles of vision. The innovative merging of landscape, architecture and art was executed through close collaboration with museum curators and artists, to achieve a dynamic and supportive relationship between art and architecture.

As visitors move through the new addition, they will experience a flow between light, art, architecture and landscape, with views from one level to another, from inside to outside. The threaded movement between the light-gathering lenses of the new addition weaves the new building with the landscape in a fluid dynamism based on a sensitive relationship to its context. Rather than an addition of a mass, the new elements exist in complementary contrast with the original 1933 classical 'Temple to Art':

Original Building	New (in Complementary Contrast)
Opaque	Transparent
Heavy	Light
Hermetic	Meshing
Inward views	Views to landscape
Bounded	Unbounded
Directed Circulation	Open Circulation
Single Mass	Transparent lenses

The first of the five 'lenses' forms a bright and transparent lobby, with cafe, art library and bookstore, inviting the public into the Museum and encouraging movement via ramps toward the galleries as they progress downward into the garden. From the lobby a new cross-axis connects through to the original building's grand spaces. At night the glowing glass volume of the lobby provides an inviting transparency, drawing visitors to events and activities.

The lenses' multiple layers of translucent glass gather, diffuse and refract light, at times materializing light like blocks of ice. During the day the lenses inject varying qualities of light into the galleries, while at night the sculpture garden glows with their internal light. The 'meandering path' threaded between the lenses in the Sculpture Park has its sinuous complement in the open flow through the continuous level of galleries below. The galleries, organized in sequence to support the progression of the collections, gradually step down into the Park, and are punctuated by views into the landscape.

The design for the new addition utilizes sustainable building concepts; the sculpture garden continues up and over the gallery roofs, creating sculpture courts between the lenses, while also providing green roofs to achieve high insulation and control storm water. At the heart of the addition's lenses is a structural concept merged with a light and air distributor concept: 'Breathing T's' transport light down into the galleries along their curved undersides while carrying the glass in suspension and providing a location for HVAC ducts. The double-glass cavities of the lenses gather sun-heated air in winter or exhaust it in summer. Optimum light levels for all types of art or media installations and seasonal flexibility requirements are ensured through the use of computer-controlled screens and of special translucent insulating material embedded in the glass cavities. A continuous service level basement below the galleries offers art delivery, storage and handling spaces, as well as flexible access to the 'Breathing-Ts.'

The ingenious integration of art and architecture included a collaborative effort with artist Walter De Maria, one of the great minimalist artists of our time. De Maria's sculpture, One Sun /34 Moons, is the centerpiece of the expansive granite-paved entrance plaza with a reflecting pool that forms a new entry space shaped by the existing building and the new Lobby 'Lens'. The 'moons' of the art work are circular skylight discs in the bottom of the pool that project water-refracted light into the garage below. Conceived as a vehicular Arrival Hall, the garage is generously proportioned, directly connected to the new museum lobby on both levels, and spanned with continuous undulating vaults by an innovative pre-cast concrete 'wave-T'.

A strong relationship between the architectural concept and the Museum's important oriental art holdings is illustrated by works in the permanent collection such as Verdant Mountains(12th century) by Chiang Shen or The North Sea(16th century) by Chou Ch'en, which demonstrate the timeless merging of art, architecture and landscape. The new addition celebrates this fusion with the new Isamu Noguchi Sculpture Court, setting a binding connection to the existing Sculpture Gardens.

Steven Holl

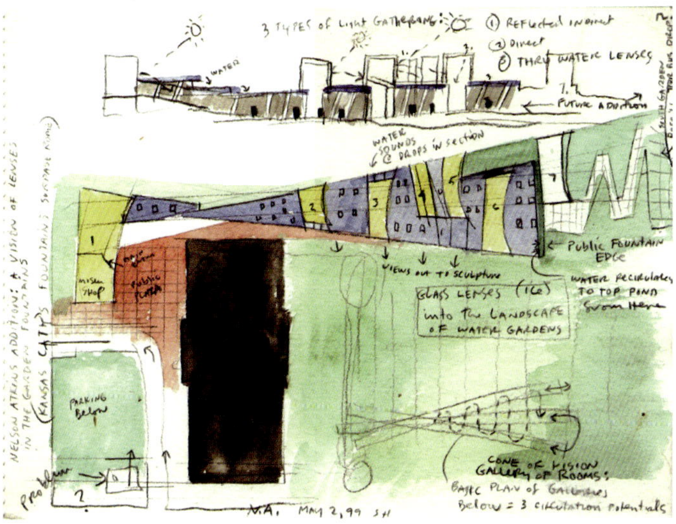

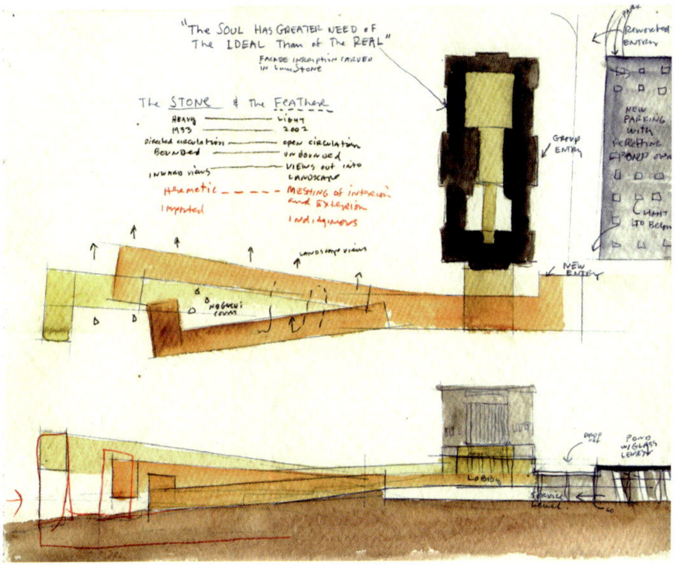

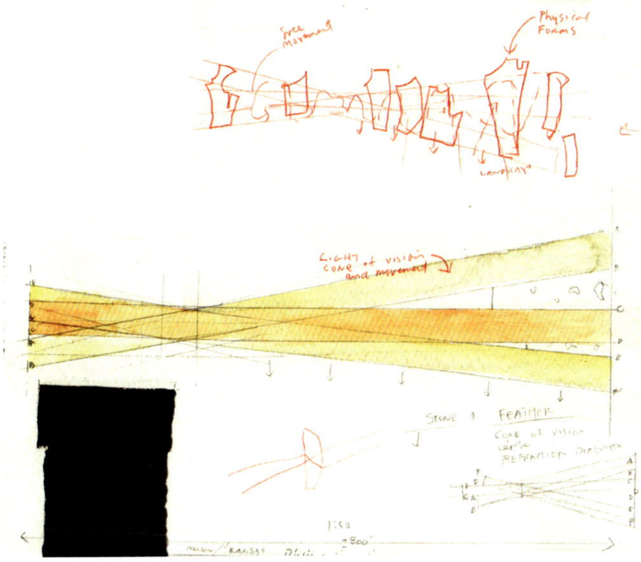

조경: 렌즈들은 22에이커의 조각공원 속에 함께 어우러져 있고, 렌즈 사이의 공간은 갤러리의 지붕 위에 잔디와 키 작은 관목이 심겨진 단순한 마당으로 이루어져 있다. 이런 녹색 지붕 시스템은 빗물을 조절하고, 에너지 소비를 상당량 줄이면서 건물에 높은 단열성능과 열량을 제공한다. 캠퍼스의 동쪽 가장자리에 심겨진 나무들은 블록 빌딩의 조경을 보충하고, 다 자라났을 때는 렌즈를 가리기보다 그것을 더 강조하는 역할을 할 것이다. 조림대는 조경이 더 자연스러운 방식으로 자리 잡은 캠퍼스의 남쪽 끝 부분에 통합될 것이다.

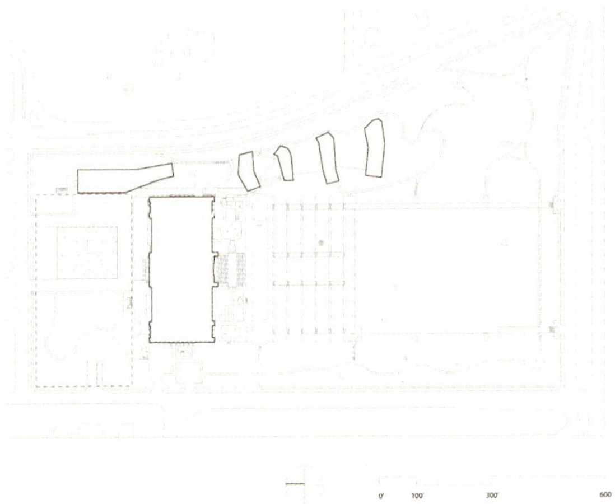

site plan

Total floor area: 165,000sf(addition), 234,000sf(renovation)

- Permanent Collection Galleries(99,555sf)
- Special Exhibition Galleries(11,648sf)
- Education & Program Areas(22,463sf)
- Conservation Facilities(3,300sf), with additional (2,600sf) planned.
- Storage Facilities(7,481sf)

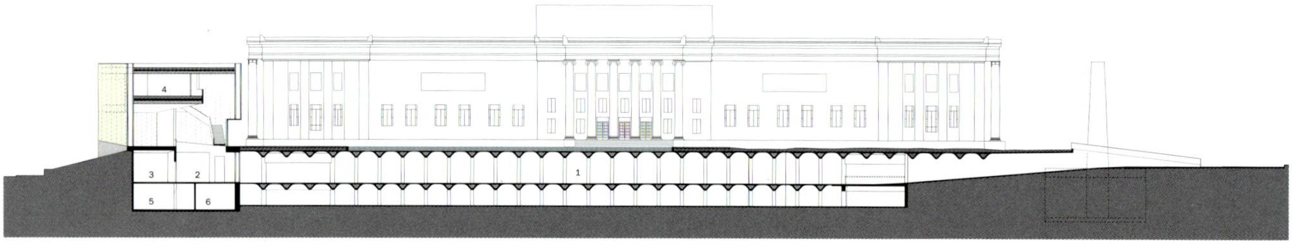

mainlobby/garage cross section

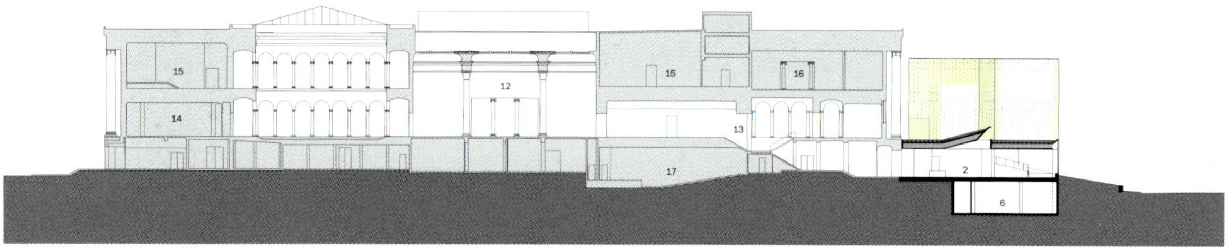

lobby & exisiting building cross axis section

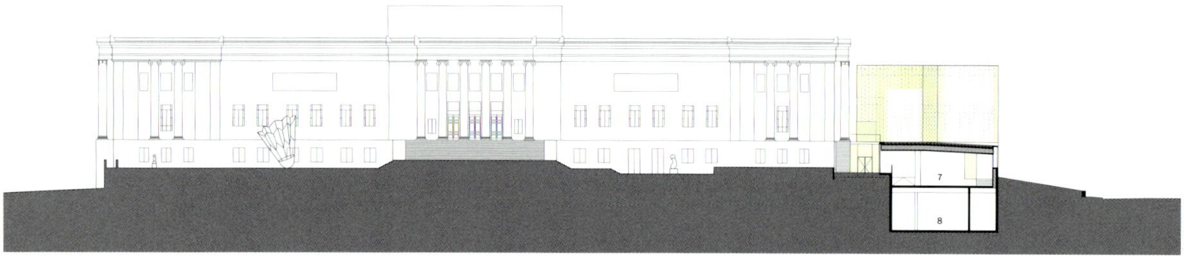

modern & contemporary galleries cross section

1 PARKING GARAGE
2 LOBBY
3 MUSEUM STORE
4 LIBRARY
5 STACKS
6 MECHANICAL
7 MODERN & CONTEMPORARY ART
8 COLLECTION STORAGE
9 NOGUCHI COURT
10 SPECIAL EXHIBITION
11 ART RECEIVING
12 EXISTING BUILDING
13 NEW OPENING & STAIR
14 EUROPEAN ART
15 ASIAN ART
16 AMERICAN ART
17 AUDITORIUM

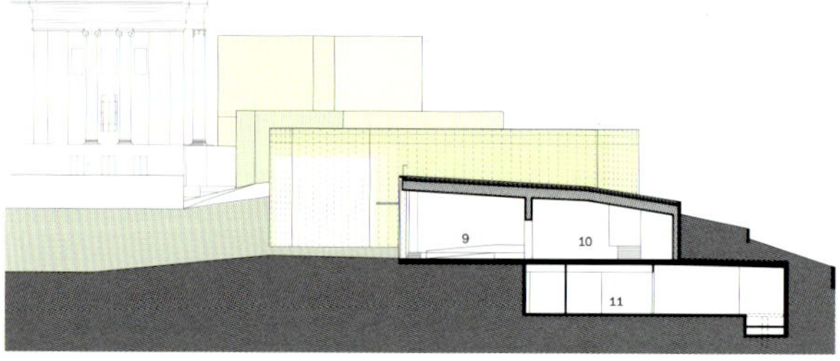

Noguchi court/special exhibition cross section

재료: 다섯 '렌즈'는 유리 사이에 압축 공기층이 있는 복층 유리로 만들어졌다. 외부 층은 OKALUX 반투명 단열재가 삽입된 이중으로 맞물린 유리판으로 이루어져 있다. 내부 층은 부식산 반투명 저철분 합판 유리로 되어 있다. (6,000개가 넘는 1/4-인치 반투명 분사마감의 U-자 모양의 채널 유리가 이중유리의 동공, 부식산 평판유리, 그리고 투명평판유리를 형성한다.) 채널유리와 판유리를 통해 조절되고 흩어진 자연광이 갤러리에 공급되고, 투명유리는 갤러리와 홀의 다양한 지점에서 조각공원으로의 조망을 만들어낸다. 설계안에 의하면, 렌즈 사이에 있는 다른 평판유리는 모두 로우이 코팅, 부식산표면, 기리고 OKALUX 단열 구성을 포함한 저철분 유리로 이루어진 몇몇 단열유리세트로 구성되어있다. 콘크리트 슬라브와 내력벽, 철제 틀과 철제 트러스, 철제 데크 위의 콘크리트 슬라브 등이 구조적인 외피를 구성한다. 공동 내부의 컴퓨터로 조절되는 스크린은 그 효능 및, 계절에 따른 렌즈 조도의 유연성을 보장한다. 건물 전체에는 맞춤형으로 설계된 조명이 설치되었는데, 코브 간접 조명, 간헐적인 트랙 백열등, 그리고 선형 매입 형광등으로 이루어져 있다. 건물 전체에 최대한의 유연성과 조절가능성을 부여하는 조명은 렌즈를 통해 유입되는 자연광과 전기조명 사이에서 색채와 강도의 균형을 이루기 위해 설계된 것이다.

William T. Kemper Galleries

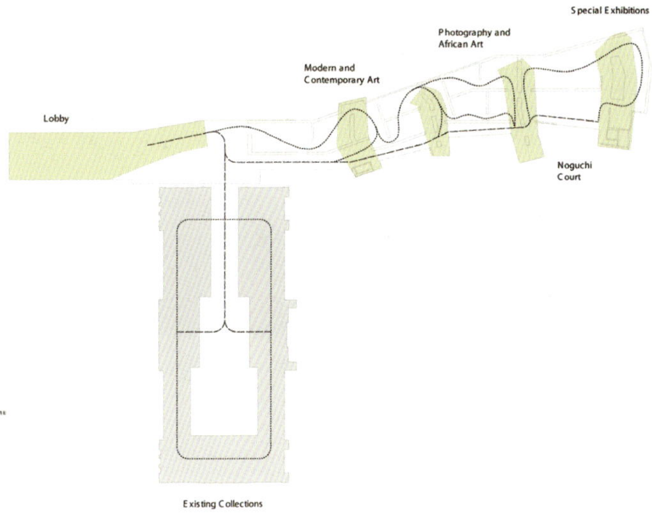

circulation diagram

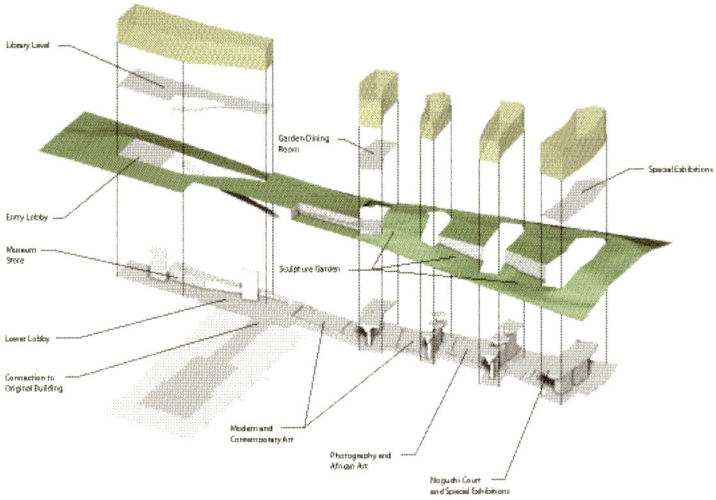

axon program diagram

1 Library
2 Upper Lobby
3 Garden Dining Room
4 Special Exhibitions
5 Lower Lobby
6 Modern & Contemporary A
7 Photography
8 African Art
9 Special Exhibitions
10 Noguchi Court
11 Basement
12 Parking

1st floor plan

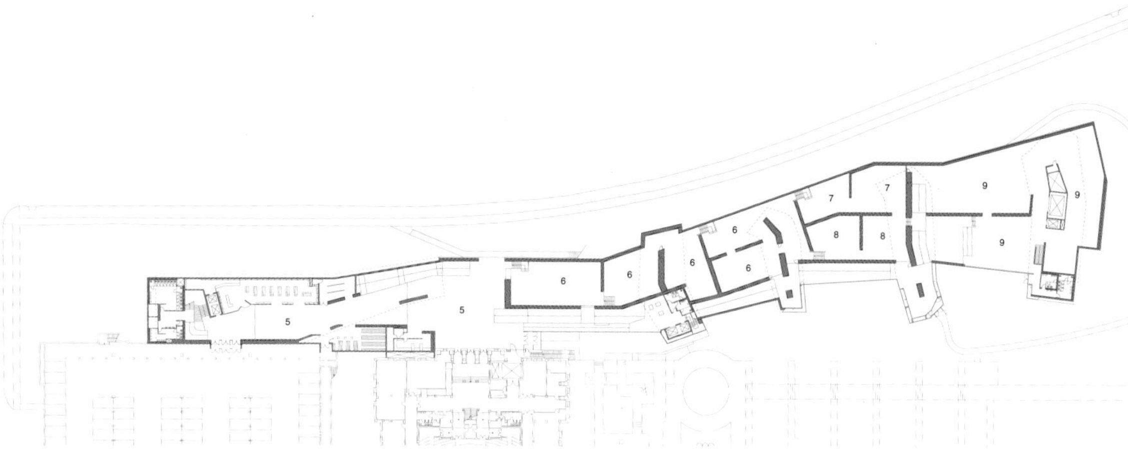

ground floor plan

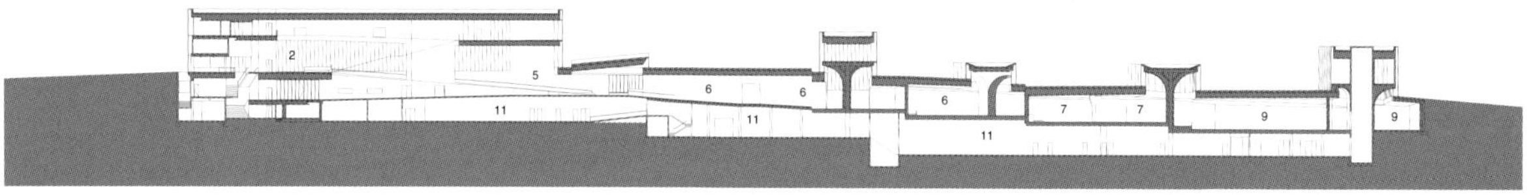

longitudinal section

1 Library
2 Upper Lobby
3 Garden Dining Room
4 Special Exhibitions
5 Lower Lobby
6 Modern & Contemporary Art
7 Photography
8 African Art
9 Special Exhibitions
10 Noguchi Court
11 Basement
12 Parking

0' 100' 300' 600'

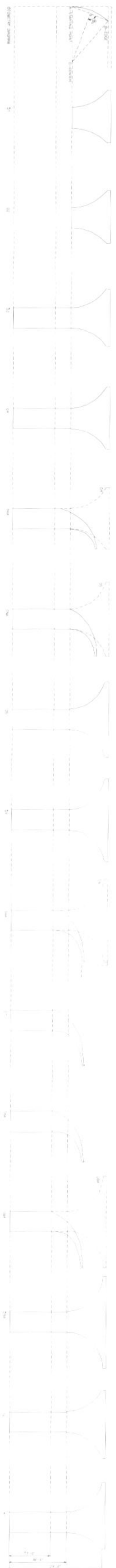

t geometry diagram

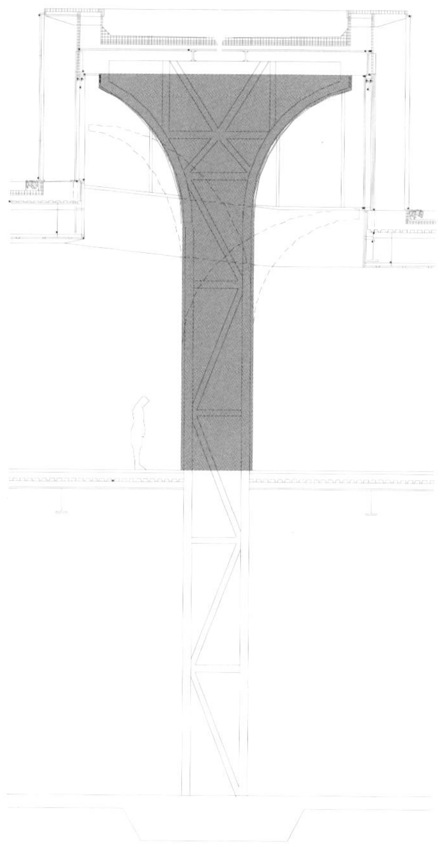

"T" SECTION DIAGRAM @ LENS 3 3/16" = 1'-0"

'숨쉬는 T(Breathing T)'는 곡면형 구조의 밑면을 따라 빛을 갤러리 안으로 유입하고 동시에 공조덕트(HVAC)를 위한 공간을 제공한다.

Chipperfiled stands in the Iowa Chipperfiled stands in the Iowa Chipperfiled stands in the Iowa Chipperfiled stands in the Iowa Chipperfiled stands in the Iowa Chipperfiled stands in the Iowa Chipperfiled stands in the Iowa Chipperfiled stands in the Iowa Chipperfiled stands in the Iowa Chipperfiled stands in the Iowa Chipperfiled stands in the Iowa Chipperfiled stands in the Iowa Chipperfiled stands in the Iowa tag: David Chipperfield, Des Moines, Public, Library, Iowa, USA, redevelopment, centerpiece, urban renewal, link, park, landscape, character, flexible, activity, blending, openness, transparency, platform, energy, efficient, glass-metal, skin, laminated, copper, glare, solar, costs, organic, shape, Figge Art Museum, Davenport, revitalization, Mississippi, River, border, emblematic, monolithic, glass, simply, landmark, waterfront, volumetric, block, opaque, translucent, surfaces, fritted, grid, facades, approaches, gathering **Chipperfiled stands in the Iowa Chipperfiled stands in the Iowa**

Chipperfiled stands stands in the Iowa the Iowa Chipperfi Chipperfiled stands stands in the Iowa the Iowa Chipperfi Chipperfiled stands stands in the Iowa the Iowa Chipperfi Chipperfiled stands stands in the Iowa the Iowa Chipperfi Chipperfiled stands stands in the Iowa the Iowa Chipperfi Chipperfiled stands stands in the Iowa the Iowa Chipperfi Chipperfiled stands stands in the Iowa the Iowa Chipperfi Chipperfiled stands stands in the Iowa the Iowa Chipperfi Chipperfiled stands stands in the Iowa the Iowa Chipperfi Chipperfiled stands stands in the Iowa the Iowa Chipperfi Chipperfiled stands stands in the Iowa the Iowa Chipperfi Chipperfiled stands stands in the Iowa the Iowa Chipperfi Chipperfiled stands stands in the Iowa the Iowa Chipperfi Chipperfiled stands

ne lowa Chipperfiled
pperfiled stands in
stands in the lowa
ne lowa Chipperfiled
pperfiled stands in
stands in the lowa
ne lowa Chipperfiled
pperfiled stands in
stands in the lowa
ne lowa Chipperfiled
pperfiled stands in
stands in the lowa
ne lowa Chipperfiled
pperfiled stands in
stands in the lowa
ne lowa Chipperfiled
pperfiled stands in
stands in the lowa
ne lowa Chipperfiled
pperfiled stands in
stands in the lowa
ne lowa Chipperfiled
pperfiled stands in
stands in the lowa
ne lowa Chipperfiled
pperfiled stands in
stands in the lowa
ne lowa Chipperfiled
pperfiled stands in
stands in the lowa
ne lowa Chipperfiled
pperfiled stands in
stands in the lowa
ne lowa Chipperfiled
pperfiled stands in
stands in the lowa
ne lowa Chipperfiled
pperfiled stands in
stands in the lowa
ne lowa Chipperfiled

stands in the lowa Chipperfiled stands in
the lowa Chipperfiled stands in the lowa
Chipperfiled stands in the lowa Chipperfiled
stands in the lowa Chipperfiled stands in
the lowa Chipperfiled stands in the lowa
Chipperfiled stands in the lowa Chipperfiled
stands in the lowa Chipperfiled stands in
the lowa Chipperfiled stands in the lowa
Chipperfiled stands in the lowa Chipperfiled
stands in the lowa Chipperfiled stands in
the lowa Chipperfiled stands in the lowa
Chipperfiled stands in the lowa Chipperfiled
stands in the lowa Chipperfiled stands in
the lowa Chipperfiled stands in the lowa
Chipperfiled stands in the lowa Chipperfiled
stands in the lowa Chipperfiled stands in
the lowa Chipperfiled stands in the lowa
Chipperfiled stands in the lowa Chipperfiled
stands in the lowa Chipperfiled stands in
the lowa Chipperfiled stands in the lowa
Chipperfiled stands in the lowa Chipperfiled
stands in the lowa Chipperfiled stands in
the lowa Chipperfiled stands in the lowa
Chipperfiled stands in the lowa Chipperfiled
stands in the lowa Chipperfiled stands in
the lowa Chipperfiled stands in the lowa
Chipperfiled stands in the lowa Chipperfiled
stands in the lowa Chipperfiled stands in
the lowa Chipperfiled stands in the lowa
Chipperfiled stands in the lowa Chipperfiled
stands in the lowa Chipperfiled stands in
the lowa Chipperfiled stands in the lowa
Chipperfiled stands in the lowa Chipperfiled
stands in the lowa Chipperfiled stands in
the lowa Chipperfiled stands in the lowa
Chipperfiled stands in the lowa Chipperfiled
stands in the lowa Chipperfiled stands in
the lowa Chipperfiled stands in the lowa
Chipperfiled stands in the lowa Chipperfiled
stands in the lowa Chipperfiled stands in

Function:	Library
Total floor area:	13,520m^2
Project architect:	David Chipperfield Architects
Associate architect:	Herbert Lewis Kruse Blunk Architecture
Photographer:	Christian Richters, Farshid Assassi
Client:	Des Moines Public Library
Structural Engineer:	Jane Wernick Associates
Facade Consultant:	W. J. Higgins & Associates, Inc.

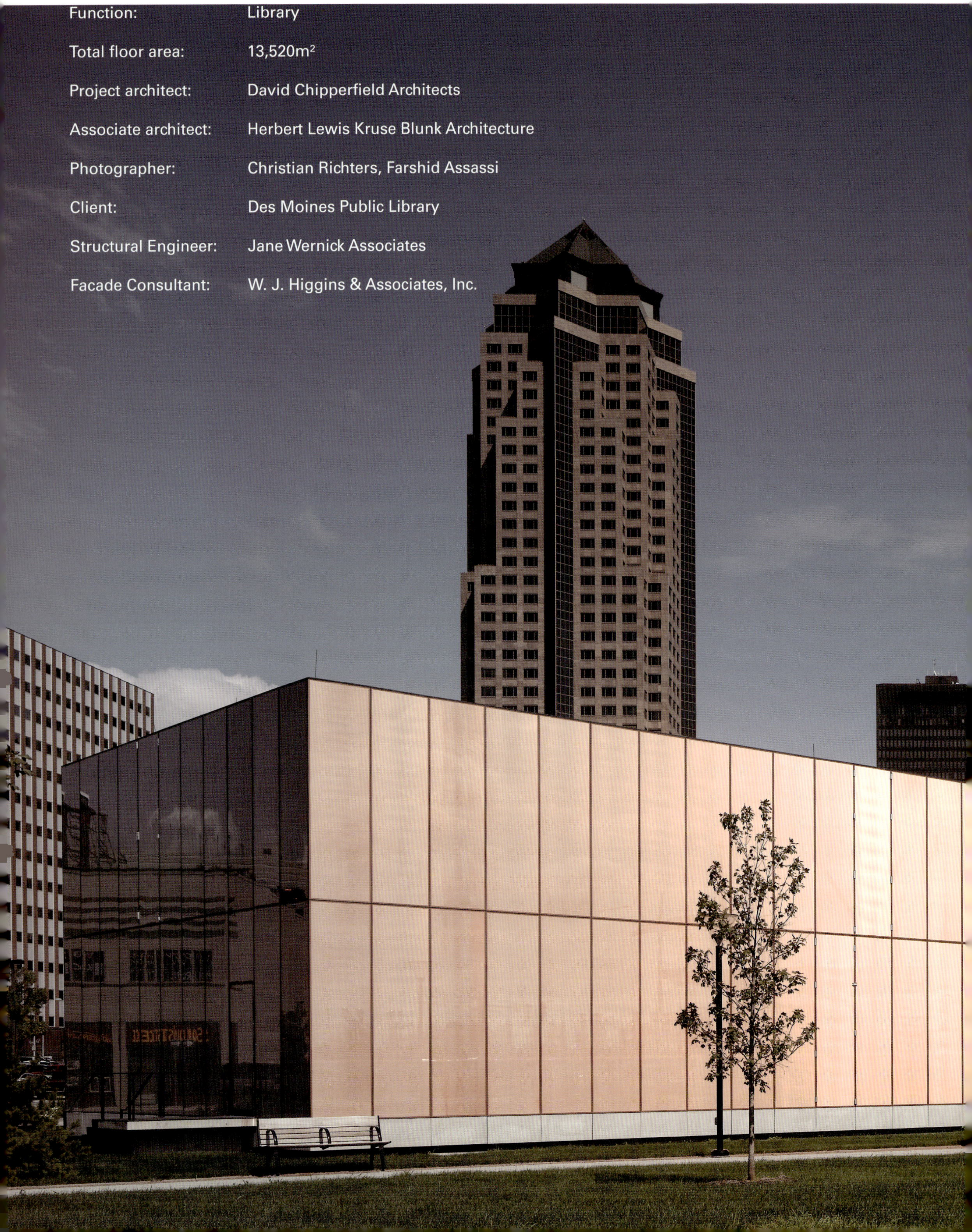

Des Moines Public Library

Iowa, USA
David Chipperfield Architects
2001-2006

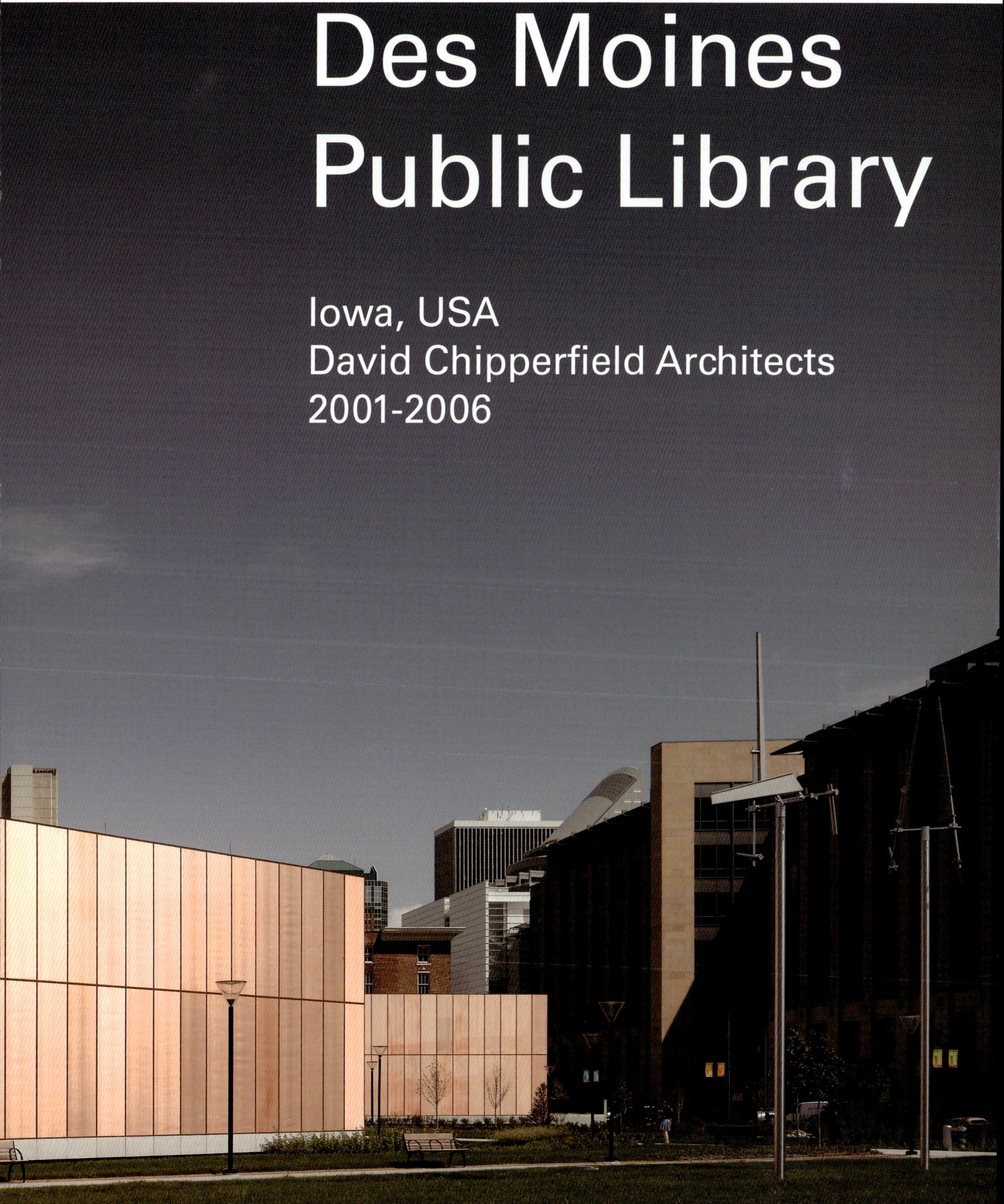

디모인 공공 도서관(Des Moines Public Library)은 디모인에 새로 생긴 '웨스턴 게이트웨이 파크(Western Gateway Park)'에서 없어서는 안 될 중요한 역할을 담당한다. 디모인 지역은 현재 광범위한 재개발이 진행되고 있으며 새로운 도서관과 공원은 디모인의 도심 재생을 위한 중심부가 될 것이다. 공원의 동쪽 끝에 위치한 새 도서관은 디모인의 도심과 공원을 연결하는 역할을 한다. 도서관은 도시 블록에 대응하는 반면 주변의 지형 속에 부유하는 듯하다. 방문자들은 책을 읽는 동안 공원에 앉아있는 듯한 기분을 느끼게 되며 성격이 다른 외부공간은 공원을 향해 뻗어나가고 있다.

다목적 활동 공간인 '게이트웨이 갤러리(Gateway Gallery)'는 공원과 도시의 성격을 연결하고 도서관과 공원의 경계를 혼합하면서 건물을 관통하는 공중통로를 부분적으로 형성한다. 관리부분과 지원시설은 동쪽 건물에 들어 있다. 서가는 언제나 공원을 바라볼 수 있어서 개방감과 투명성을 만들어내도록 배치되었다. 도서관에는 서고 말고도 건물의 공공적 특징을 강화하고 시민들을 위한 토론장을 제공하는 교육시설, 어린이 놀이시설, 카페가 있는 회의실 등이 있다. 지하주차장 위에 놓여진 2층짜리 콘크리트 구조물은 에너지 효율이 높은 합성 유리-금속 외피로 전부 덮여 있다. 이중 유리 층 사이에 끼워진 평평한 구리망은 눈부심과 태양에너지가 증가하는 것을 감소시키고 장기적인 에너지 비용을 많이 줄인다. 구리망은 햇빛을 차단하는 역할을 담당하며 건물 내부에서 공원을 내다보는 전망을 확보한다. 패널 조립방식에 약간의 변화를 주어 도서관의 외벽에 균일함 속의 차별화를 부여하고 건물의 유기적인 형태를 강조한다.

The library forms an integral part of the new Des Moines 'Western Gateway Park'. This area of the city is currently undergoing extensive redevelopment and the new library and park will become a centrepiece for the urban renewal of Des Moines.

Located at the east end of the park, the new library acts as a link between downtown Des Moines and the park. On the one hand, it responds to the city block, but at the same time it stretches out into the parkland, floating in the surrounding landscape, thus creating outside spaces of different character while conveying to the visitor the feeling of sitting in the park while reading a book.

The 'Gateway Gallery', a flexible activity space, forms part of a public route through the building, reinforcing its bridging character between the park and the city and blending the threshold between library and park. Administration and back of house services are housed in the east wing. The stacks are arranged in such a way that one will always be able to see into the park thus creating a sense of openness and transparency. In addition to book stacks, the library also accommodates education facilities, children's play areas and a conference wing with a cafe, reinforcing the public nature of the building and providing a platform for public life.

The two story concrete structure sits above an underground car park and is entirely wrapped in composite energy efficient glass-metal skin. Laminated between two glass surfaces, a layer of expanded copper mesh reduces glare and solar gain, thus greatly reducing long-term energy costs. The mesh is the only sun-shading device necessary, ensuring that the view from the inside into the park is maintained at all times. Slight variations in the make up of the panels provide the library with a differentiated yet uniform skin, emphasising the organic shape of the building.

David Chipperfield

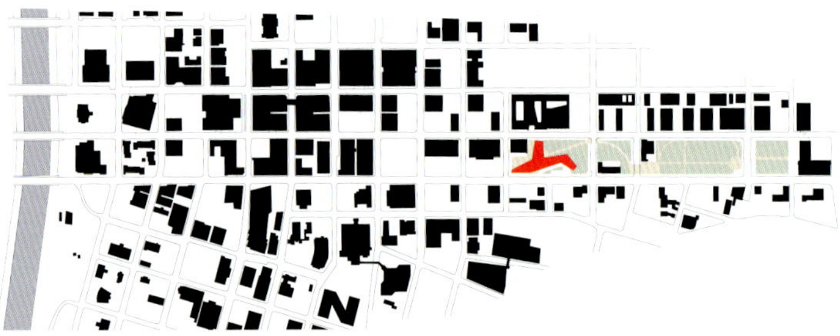

site plan

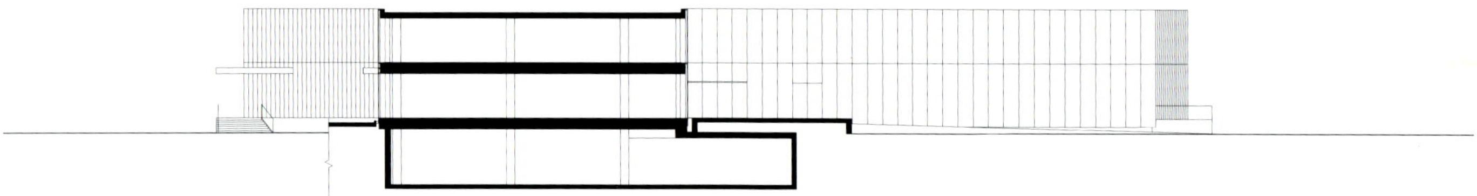

section

재료: 오카테크(OKATECH)는 햇볕에 그 위에 비칠 때 유리 파사드에 따뜻하고 금속적인 광택과 매력적인 반짝임을 부여하는 평평한 동판으로 이루어진 단열유리패널이다. 삽입된 동판은 건물의 내부에서 부드러운 빛을 생성하며, 일광과 눈부심으로부터 효과적인 보호 기능을 제공한다. 유리는 반투명재질이다. 미세망 타공 패턴은 정밀한 '일방향 기능'을 제공한다. 건물 내부의 사람들은 밖을 내다볼 수 있지만, 외부 사람들은 안을 들여다 볼 수 없다.

평평한 동판 삽입물은 눈에 띄는 디자인 요소일 뿐만 아니라, 일광방향제어시스템 기능까지 수행한다. 비대칭적으로 배열된 수많은 구멍은 미세한 그림자를 만들어내는 요소들이다. 태양의 고도가 높을 때 평판은 완벽하게 해를 가리고, 햇볕이 수직으로 내리쬐면 약간의 입면 각도에 의해 증가하는 태양 에너지의 총합은 0.13에 이른다. 이것은 계절에 따라 겨울에는 태양광으로부터 여름에는 태양열로부터 건물을 보호한다는 것을 의미한다. 오카테크는 태양빛의 방어와 투명성에 대해 시각적, 기술적으로 완벽한 통합을 이루어냈다.

오카룩스(OKALUX), 마크테이덴펠트(Marktheidenfeld)는 런던의 데이비드 치퍼필드 사무실의 요구에 따라 미국 아이오와주 디모인의 공공 도서관을 위해 새로운 단열유리를 개발했다. 대부분의 도서관은 외부의 6mm 1겹 보안 유리, 첫 이중 유리의 사이 2mm 공간에 삽입된 평동판, 중간에 태양광 및 열 방지 코팅을 한 6mm 1겹 보안 유리, 14mm의 공기층을 덮는 6mm 1겹 보안유리로 구성된 삼중 유리로 되어 있다. 디모인 도서관에는 외부의 6mm 1겹 보안 유리, 유리창 사이의 2mm 공간에 삽입된 평동판, 내부의 6mm 1겹 보안 유리로 구성된 이중유리가 사용되었다.

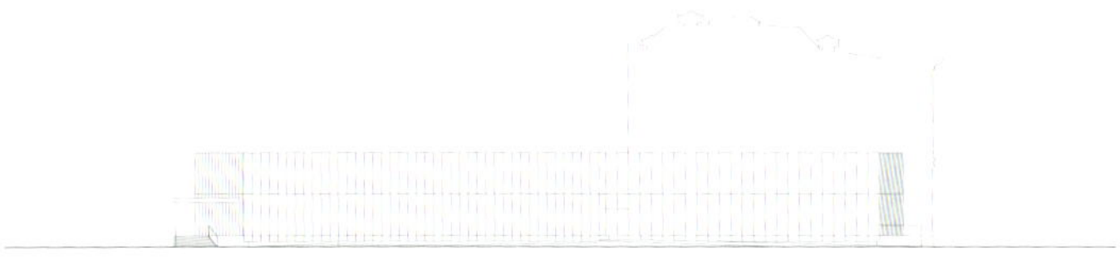

west elevation

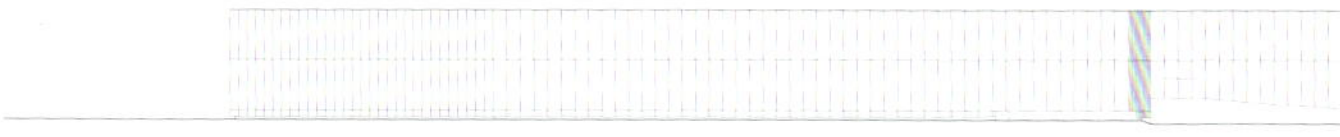

north elevation

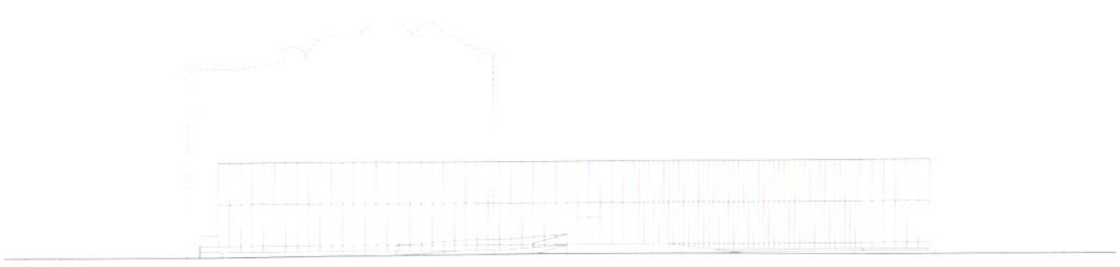

east elevation

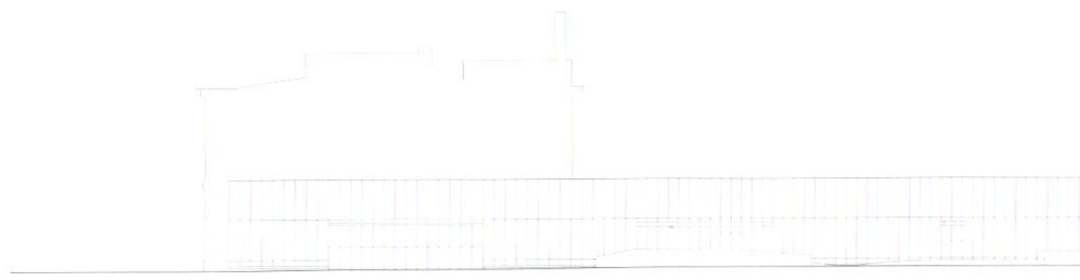

south elevation

level 1

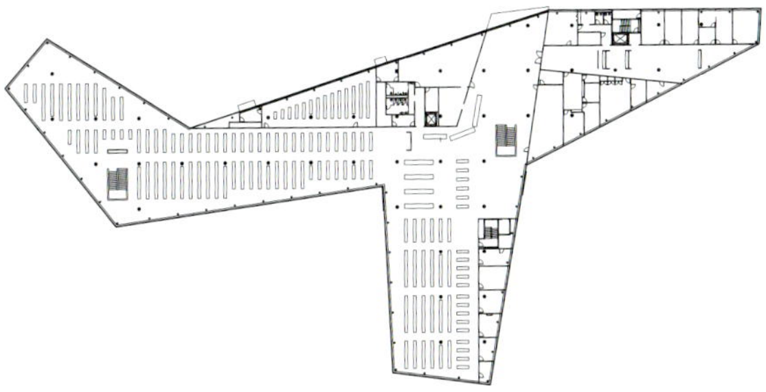

level 0

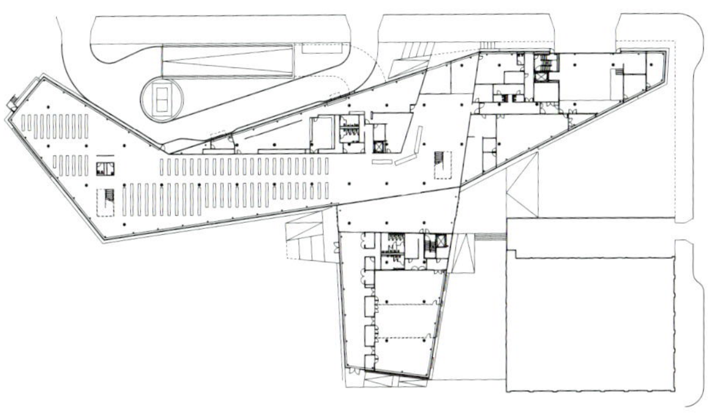

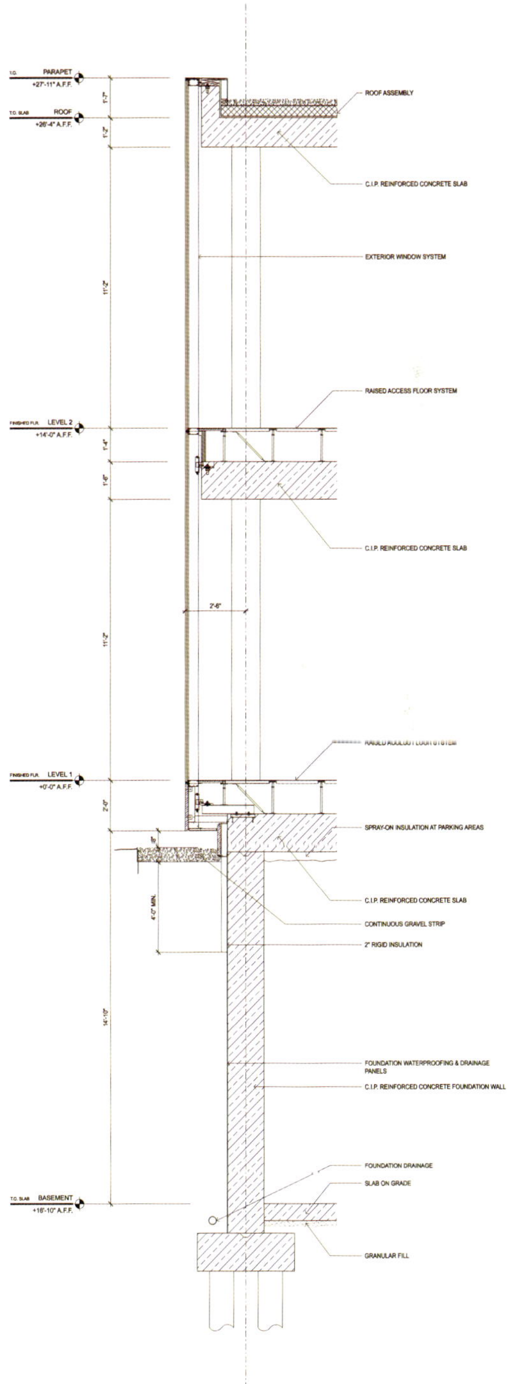

typical section through vision glass panels detail

Function:	Museum
Total floor area:	10,000m²
Project architect:	David Chipperfield Architects
Associate architect:	Herbert Lewis Kruse Blunk Architecture
Photographer:	Christian Richters
Client:	Davenport Museum of Art
Structural Engineer:	Jane Wernick Associates

Figge Art Museum

Iowa, USA
David Chipperfield Architects
1999-2005

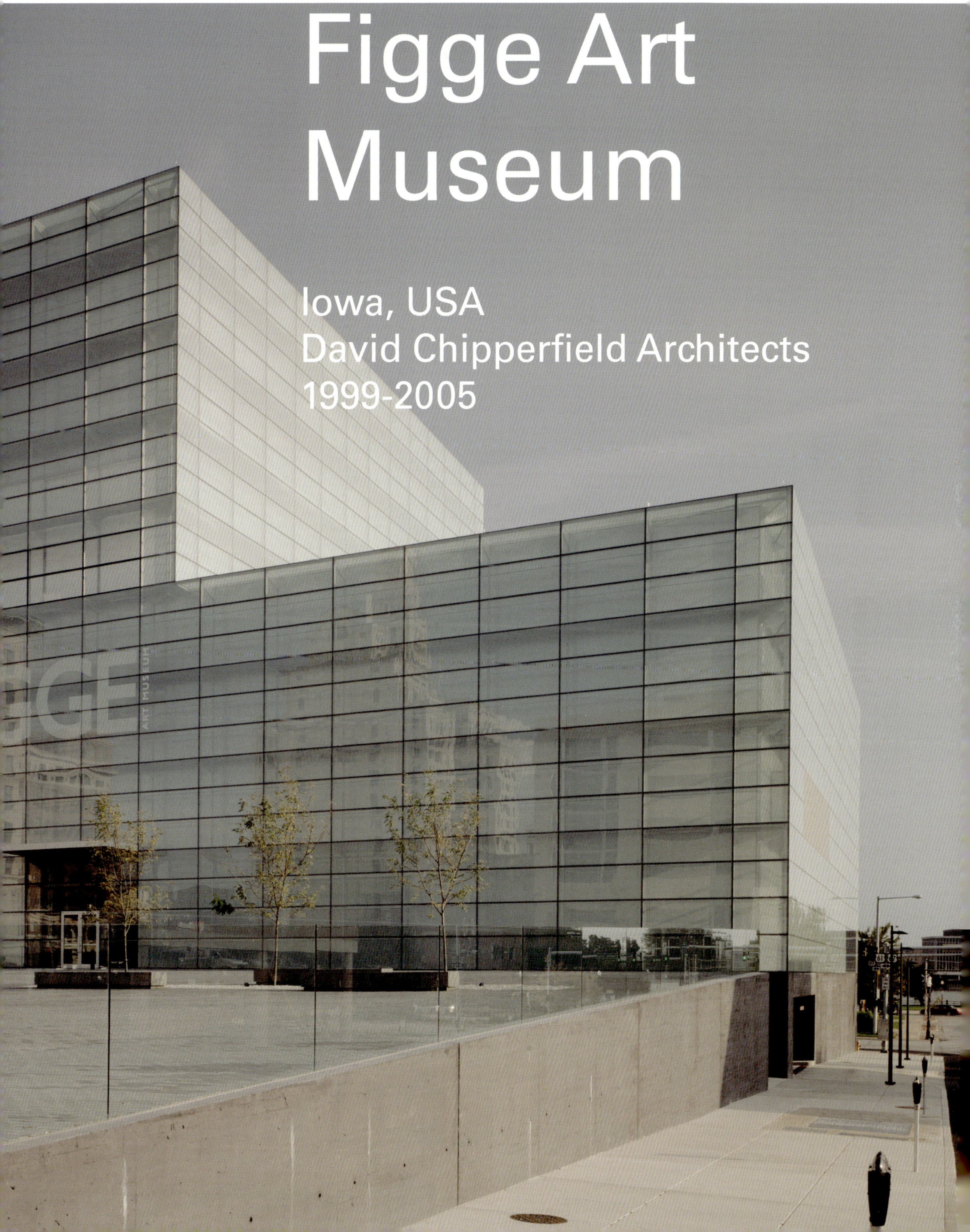

데이븐포트(Davenport) 시내 중심에 자리 잡았던 피지 미술관(기존의 데이븐포트 미술관-Davenport Museum of Art)의 새로운 건물은 쿼드 시티(Quad Cities)들 중 가장 큰 도시이며, 유서 깊은 도시의 도심재생에 매우 중요한 역할을 하고 있다. 데이븐포트 시는 아이오와 주의 동쪽 경계를 이루며, 아이오와 주의 베텐도르프(Bettendorf)와 일리노이 주 록아일랜드(Rock Island)와 멀린(Moline)을 형성하는 미시시피 강변(Mississippi River)에 자리 잡고 있다.

도시를 상징하는 빌딩을 만들기 위해서, 피지미술관(Figge Art Museum)의 디자인은 데이븐포트의 재개발되는 워터프론트에 거대한 유리 구조로 착상되었으며, 피지미술관은 앞으로 데이븐 포트시의 워터프론트 재개발에 단순하고 강력한 랜드마크가 될 것이다. 건축물은 단순한 볼륨의 블록이 불투명, 투명, 반투명한 표면으로 싸여질 것이다. 이 유리 표면에는 수평의 밴딩이 밀도있게 프릿(frit) 처리되어 있다.

도시적 측면에서 디자인은 비워진 기존의 도시 블록의 절반을 채우면서 구도시 격자체계를 유지하는 것처럼 보인다. 그러나 강하고, 보기 드문 윤곽을 유지하면서 미술관의 디자인은 도시적 상황을 각각의 입면에서 제시하는 것보다, 건물의 각 입면은 주변 환경을 다각적으로 반영하여, 도심광장, 거리 입구, 강변 테라스로의 접근을 이루면서 더욱 다양하게 스스로를 드러날 것이다. 광장은 조각공원과 공공 공간을 제공하고, 피지 미술관은 도심의 다른 문화적 요소들을 시각적으로 연결하고 있다.

건물 내부에서는 디자인과 배치를 위한 프로그램이 기존 데이븐 포트 미술관의 전시와 비전시 기능들을 통합하는 것을 기본으로 하고 있다. 그러나, 기존 시설의 3배 규모에 이르는 건물은 영구 소장 컬렉션을 위한 일반 전시 공간을 제공하고; 멀티 레벨 특별 전시 갤러리; 교육공간, 드로잉과 연구 공간, 강의와 도서관 시설들을 포함하게 되었다. 공공 공간은 레스토랑, 미술관 스토어, 로비공간과 미시시피 강에 대한 인상적인 조망을 제공하는 멀티 레벨 겨울 정원을 포함한다. 디자인은 이러한 기능들을 통합하면서 공공 동선을 구성함으로써, 방문객은 피지 미술관 내의 활동을 인식하고, 학생과 예술가들이 모두 전시된 작품과 친숙해질 수 있는 분위기를 조성한다.

The creation of a new home for the Figge Art Museum (formerly the Davenport Museum of Art) in downtown Davenport, is a major catalyst in the urban revitalization of this historic city, which is located on the banks of the Mississippi River on Iowa's eastern border and is the largest of the Quad Cities, which also comprises Bettendorf, Iowa, and Rock Island and Moline, Illinois.

In order to create an emblematic building for the city, the design of the Figge Art Museum was conceived as a monolithic glass structure that would powerfully yet simply landmark Davenport's redeveloping waterfront. Its architecture was based around the idea of simple volumetric block enveloped by opaque, transparent, and translucent surfaces. These glass surfaces are fritted with horizontal banding that varies in density.

In urban terms, the design looks to support the old city grid by filling one half of a previously empty city block. Yet in maintaining a strong and singular outline, the design of the Museum reveals itself as more varied than its urban footprint would suggest - different frontages reflect differing site conditions and define each of the building's facades with distinct approaches: city plaza, street entrance, and riverside terrace. The plaza will provide for a sculpture garden and public gathering space, connecting the Figge visually with other cultural attractions in the downtown.

Inside the building, the program for its design and layout is based largely on the existing Davenport Museum of Art, with its rich mix of exhibition and non-exhibition functions. However, at three times the size of the former facility, the new building allows for generous exhibition space for the permanent collection; multi-level special exhibition galleries; and the inclusion of educational spaces, including drawing and study studios, lecture and library facilities. Public spaces include a restaurant, museum store, a generous lobby space and a multi-level Winter Garden that provides spectacular views of the Mississippi River. The design encourages the overlap of these functions and for a public route through the building, giving visitors an awareness of the activities of the Figge Art Museum and for students and artists to have an immediate relationship with the collection of paintings and objects that it houses.

David Chipperfield

site plan

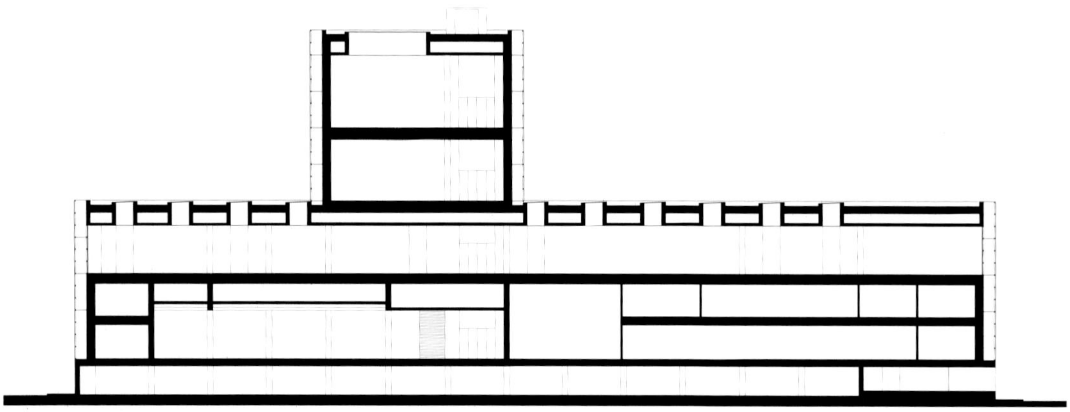

section

FIGGE
ART MUSEUM

FIGGE

level 1

level 2

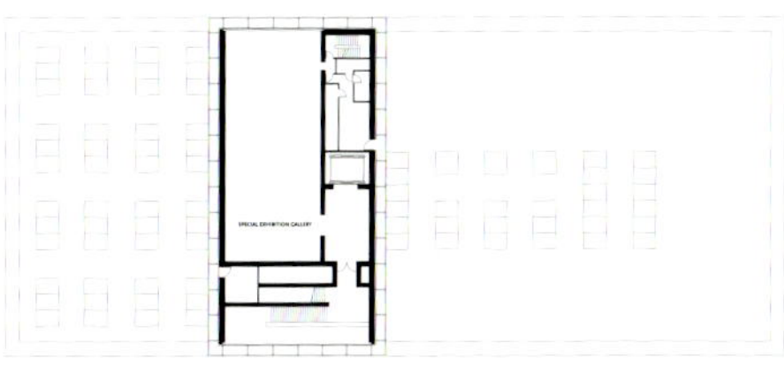

level 3

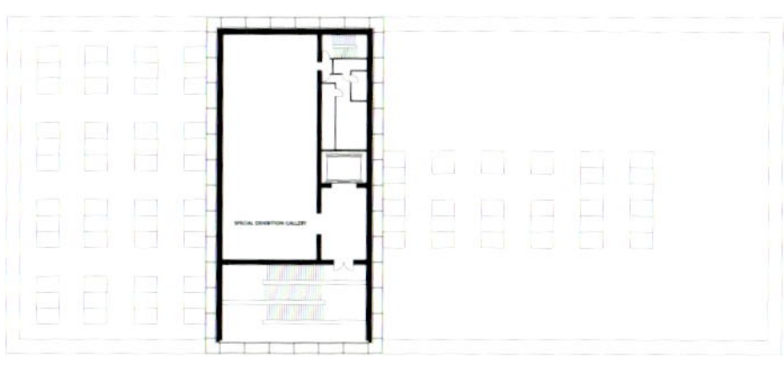

level 4

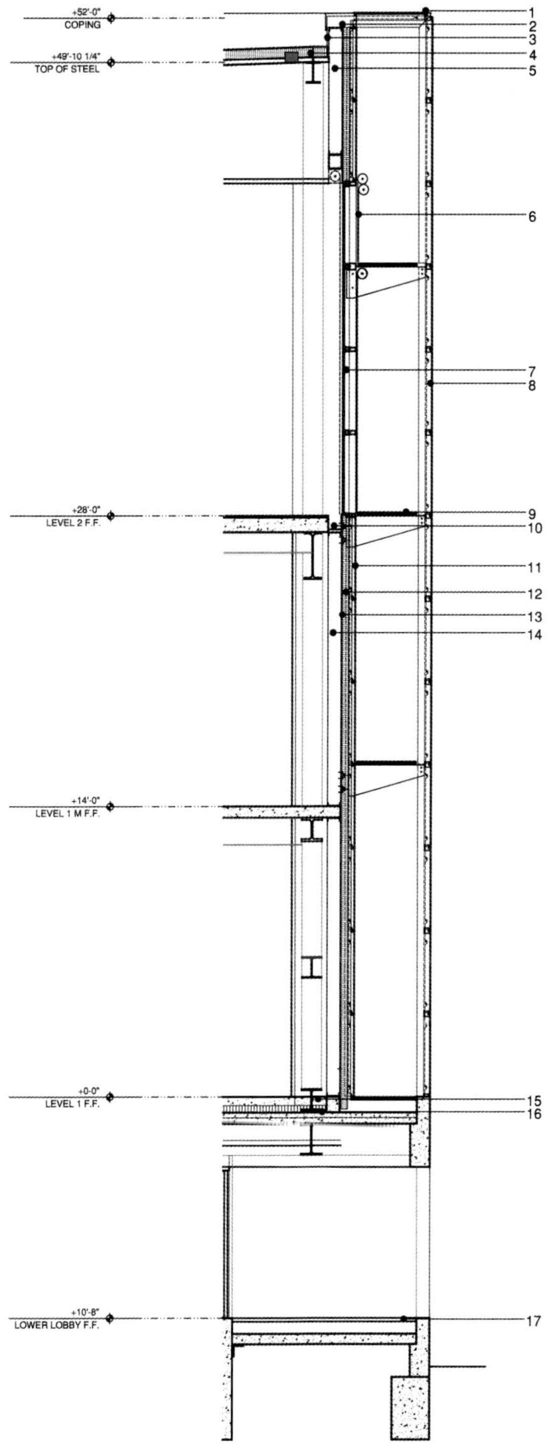

1 EXTERIOR GLAZING

2 METAL COPING

3 ROOFING MEMBRANE ON SH

4 ROOFING INSULATION

5 INSULATION

6 ROLLER SHADE

7 VISION GLASS

8 EXTERIOR GLAZING

9 STEEL GRATE WALKWAY

10 FIN TUBE TRENCH

11 SPANDREL PANEL

12 RIGID INSULATION

13 WATER PROOF MEMBRANE (

14 STRUCTURAL METAL STUD

15 TOPPING SLAB

16 RIGID INSULATION

17 CONCRETE PAVERS

facade detail

Function:	Commercial Office
Total floor area:	295,000sq ft
Project architect:	Will Alsop
Client:	Blackfriars Investments/ Royal London Asset Management
Photographer:	Chistian Richters
Structural Engineer:	Buro Happold
Facade Consultant:	Permasteelisa

Palestra OFFICE

London, UK
SMC Alsop
1999-2006

팔레스트라는 상점들이 들어선 지층 위로 12개 층의 개방형 사무공간을 제공하고, 여기에는 지하주차장과 7층에 위치한 옥상 테라스도 포함된다.

건물은 서로 연결된 세 개의 덩어리로 이루어진다. 지면에 접하여 기울어진 기단 슬라브는 서쪽을 향해 솟아오르고, 보도 위로 6미터 정도 내민 채로 역동적인 건물 출입구와 공공공간을 형성한다. 보행자들, 건물 사용자들과 방문자들은 블랙프라이어스 로드와 유니온 스트리트 사이를 걸어가는 동안 기울어진 기둥 사이의 열린 공간을 관통하게 될 것이다.

상부의 오피스 상자와 하부의 오피스 상자 사이에는 움푹 파인 오피스 블록이 북, 동, 남측 입면의 외부 테라스에 면해 있다. 이렇게 개방된 쾌적함은 테라스의 가장자리에 유리 난간을 설치한 사무실의 확장된 채광 시스템에 덕분에 바람과 비로부터 보호받는다.

상부의 상자와 하부의 상자는 형태와 색채를 통해 구별할 수 있다. 하부의 기울어진 상자는 구조적으로 결합된 이중 커튼월 시스템으로 둘러싸여 있다. 각 유리판에 프린트 된 색채는 높이는 한 층 전체를, 폭은 창문의 3분의 1을 차지한다. 외부에서 볼 수 있는 전체적인 효과는 색채의 패치라고 할 수 있으며, 파사드에 스케일과 질감을 부여한다. 사무실 영역 내부의 색채효과는 모두 최소화된다.

건물로 진입하는 유일한 주출입구는 사우스 주빌리 라인 익스텐션 지하역의 바로 반대쪽에 놓여있다. 이 출입구는 기울어진 오피스 상자의 경사진 수벽 하부에서 뒤로 물러나 있고, 기존 보도라인으로부터 약간 경사진 오르막을 통해 진입할 수 있다. 수벽은 일련의 움푹 파인 원뿔 모양의 조명이 다양한 크기로 박혀있는 단단한 면으로써, 빛을 발하는 역동적인 출입구를 형성하고 있다.

건물로 들어가는 단일 출입구와 중앙 엘리베이터 코어는 전 층에서 단순하게 반복되는 코어 레이아웃과 함께 건물 사용자와 방문객이 건물 내에서 신속하게 자신의 위치를 찾을 수 있도록 한다.

대영접홀은 지층에서 건물 출입구의 반대쪽에 위치해 있고, 런던 중심부의 많은 투기성 오피스 건물에서 일반적으로 볼 수 있는 기업체들의 영접홀과 즉시 구별되는 마감, 다자인 디테일과 색채 등이 통합되어 있다.

화강석으로 마감된 바닥, 광택 플라스터 벽체, 특별히 제작된 아트월 설치물, 계단실 코어를 둘러싼 노란색 유리타일, 스테인리스 스틸 트림과 독특한 영접데스크 등을 포함한 높은 수준의 마감이 전체적으로 적용되었다.

지층의 주요 특징은 특별한 포드 모양의 상가부분인데, 약 200m^{2}의 면적이 런던 개발 에이전시에 의해 공공 전시 공간으로 운영된다.

영접홀과 엘리베이터 코어 사이에는 보안 검색대와 차단기가 설치되었다. 24시간 유인 감시실은 건물 출입구와 엘리베이터 로비 모두에 면해 있다.

승객용 엘리베이터들은 중앙에 합리적으로 배치되어 모든 사무실 층을 오르내린다. 엘리베이터들은 지층의 대영접홀에서 잘 보이고, 코어의 배치는 건물이 수직 수평으로 다양한 사무실을 구성하며 나누어질 수 있게 한다.

지층의 사무실 입주자들이 직접 사용할 수 있는 부출입구는 유니온 스트리트에 면해있다. 이 출입구는 도로에서 단차 없이 접근할 수 있고, 지층 슬라브의 레벨과 건물의 전체 높이를 보여준다. 내부 하역장으로의 접근, 동측의 소방 코어로의 접근과 지하주차장으로 내려가는 경사로 출입구로의 접근로 등은 모두 감비아 스트리트에 면한 건물 후면에 배치되었다.

SMC Alsop
1999-2006

Palestra provides 12 floors of flexible open office space located above ground floor retail, and includes a roof terrace at 7th floor level plus basement car parking.

The building consists of a series of three distinct interconnected volumes. The tilted ground-scraping base slab lifts up towards the west, cantilevering six metres above the pavement to create a dynamic building entrance and public space. Pedestrians, building occupants and visitors will walk through an open lattice of inclined columns as they walk between Blackfriars Road and Union Street.

Between the upper and lower office boxes is a recessed office block that fronts onto an external terrace area on the north, east and south elevations. This open amenity is protected from the wind and driving rain by an extension of the office glazing system that provides a glass balustrade to the perimeter of the terrace.

The upper and lower boxes are differentiated by form and colour. The tilted lower box is clad in a structurally bonded double glazed curtain walling system. Each glazed panel has a colour printed full height across one-third the width of the glazing. The combined effect viewed externally is one of a patchwork of colour, giving scale and texture to the facade. Internally, the appearance of any colour within the office area is minimised.

The building is entered by a single main entrance located directly opposite Southwark Jubilee Line Extension underground station. This entrance is recessed beneath the inclined soffit of the tilted office block and reached by a ground plane that gently slopes upwards from the existing pavement line. The soffit is a solid plane punctuated with a series of recessed lit cones of varying sizes to provide an illuminated and dramatic entrance.

The single point entry to the building and the central lift core, together with simple repetitive core layouts on every floor level, ensure that the building user and visitor will be able to quickly orientate themselves within the building.

The main reception area is located at ground level opposite the building entrance and combines range of finishes, design details and colour that immediately distinguishes the building from the corporate bland reception area that typifies many of central London' s speculative office buildings.

High quality finishes are provided throughout including a combination of granite flooring, polished plaster walls, a special art wall installation, yellow glass tiles cladding to the stair core, stainless steel trims and a distinctive titled reception desk.

A key feature of the ground floor is the extraordinary pod shaped retail unit of approximately 200m^2 that has been let by the London Development Agency for public exhibition space.

Will Alsop's sketch

Security controls and barriers between the reception and tho lift core are provided. The 24 hour manned security room is adjacent to both the building entrance and the lift lobby.
The passenger lifts are rationalised into a single centrally located group with all lifts serving every office floor. The lifts are clearly visible from the main reception at ground level and the core arrangement allows the building to be divided vertically and horizontally into a variety of separate office configurations.
A secondary office entrance directly serving the ground level office accommodation is located along Union Street. Level access is provided from street level to this entrance, setting out the levels of the ground floor slab and the overall building height. Access to the internal loading bay, fire brigade access to the east fire fighting core and an entrance ramp to the basement car park are all located to the rear of the building on Gambia Street.
SMC Alsop

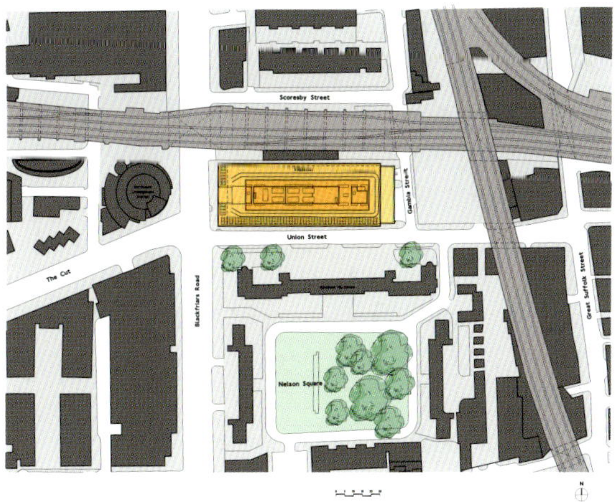

site plan

197
Blackfriars
Road

LTD
FEE
The SCULPTURE ACADEMY
LINTON HOUSE
Workspace Group
OFFICES TO LET ON FLEXIBLE TERMS
020 7377 1154
PAXMAN

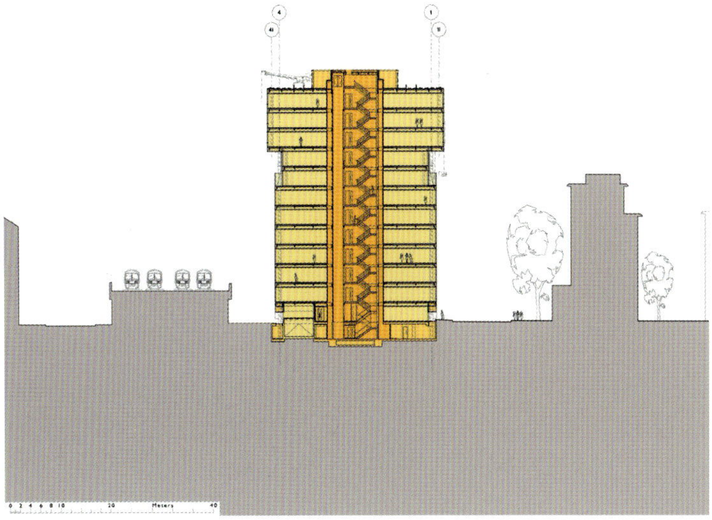

cross section

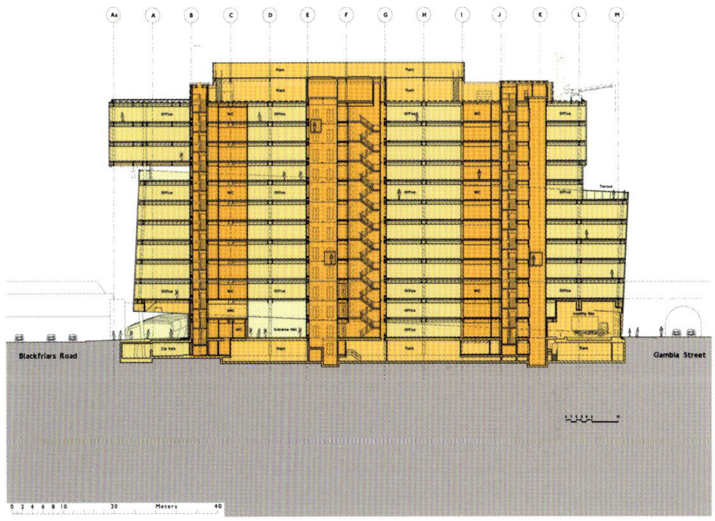

longitudinal section

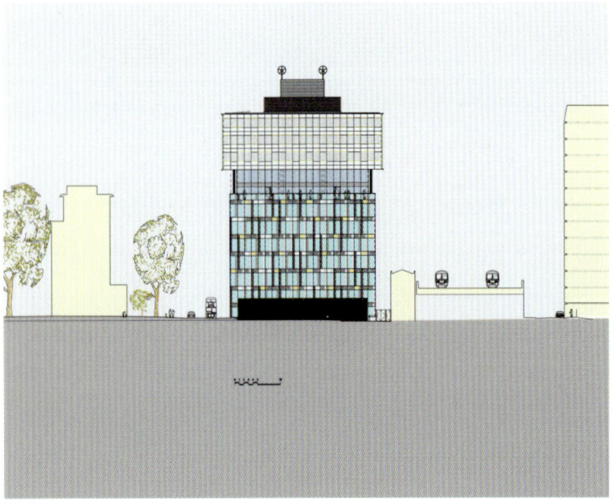

east elevation

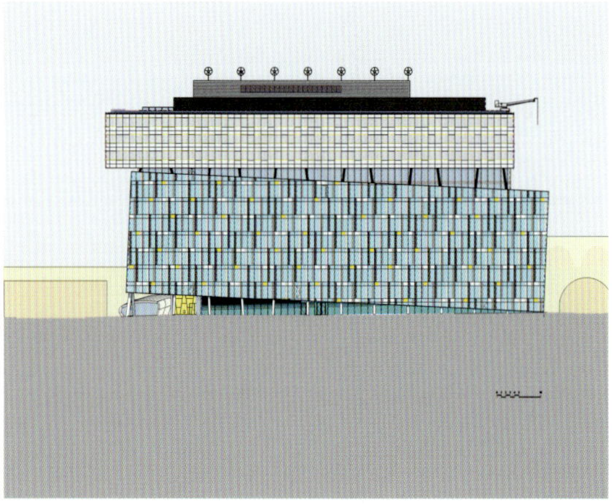

south elevation

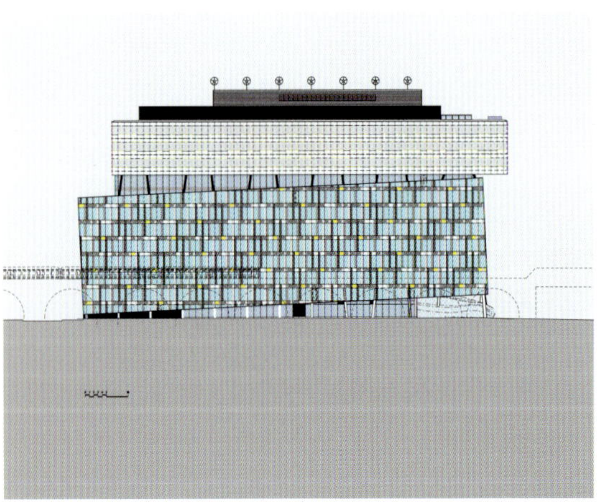

north elevation

west elevation

JOHN HANLEY

Palestra OFFICE

London, UK
SMC Alsop
1999-2006

basement plan

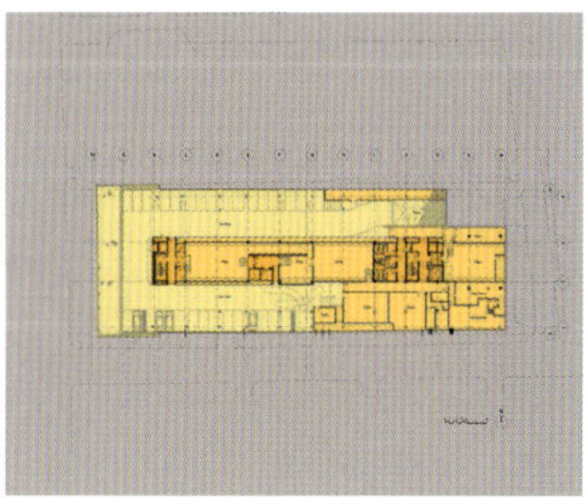

ground floor plan

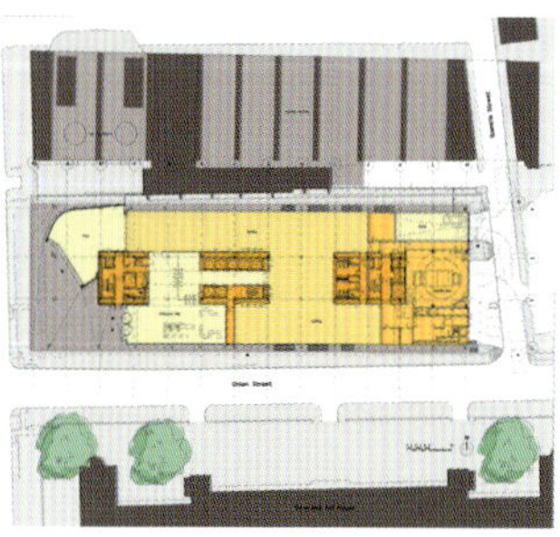

first floor plan

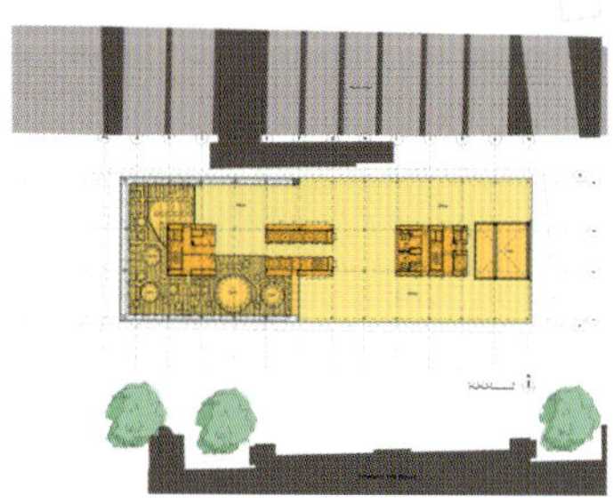

7th floor plan

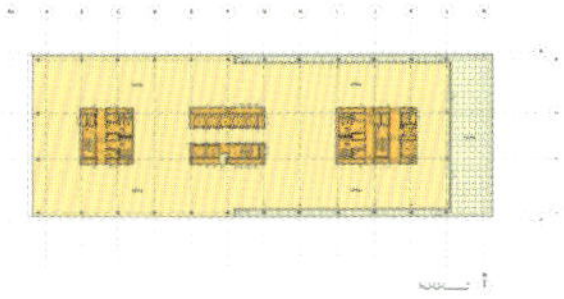

10th floor plan

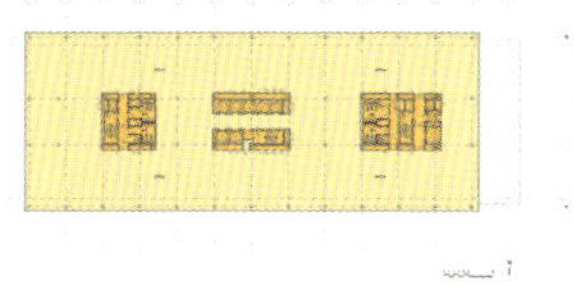

Structural design

구조 디자인

팔레스트라(Palestra)에서 건축주는 오피스 임대료를 높이기 위한 주목을 끌 만한 건물을 짓기를 원했다. 이러한 조건을 만족하도록 건물은 건축물에 구조적으로 자유로운 요구사항들을 충족시키기 위해 메탈 데크에 널리 사용되는 재료인 철제 프레임과 콘크리트 슬래브 시스템이 사용되었다.

뷰로 하폴드(Buro Happold)는 구조상에 일반적인 공법을 사용하지만 차별화된 기술로 마감된 제품을 만들어내는 몇몇 주요한 차별성을 보여주고 있다. 예를 들면, 경사진 기둥, 기둥의 시공법, 대형 캔틸레버, 이중보 바닥 시공 등이 있다. 이것은 확장된 주빌리(Jubilee Line) 라인의 바로 위에 서 있는 건물과 기존 건물의 파일 기초를 수용함으로써 완성되었다.

건물의 두 레벨에는 건물에 커다란 수평력을 미치는 경사기둥들이 있다. 일정한 각도를 이루는 기둥은 그 각도와 직접적인 관련하에 그것이 지탱하는 수직하중 일부분을 수평력에 미치게 한다. 대형 캔틸레버 또한 수평하중에 큰 영향을 끼친다. 우리는 건축가가(SMC Alsop) 모든 지점에서 기둥의 각도를 마음대로 다룰 수 있도록 하는 컴퓨터 프로그램을 작성했지만, 건물은 여전히 기초와 기둥의 크기에 의해 서 있게 된다. 디자인팀은 구조가 적절하다는 확신을 갖게 하는 구조 프로그램이 만들어질 때까지 복잡한 기둥 레이아웃을 조정할 수 있었다.

기둥의 시공 방식은 높은 강도를 발휘하지만, 부수적인 방화처리는 필요 없도록 설계되었다. 이것은 유럽 법규(European Codes)에 맞추도록 설계된 복잡한 기둥을 사용함으로써 가능했다. 원형의 빈 단면(CHS)의 외부 튜브가 내부 CHS와 함께 두 개의 튜브 모두 단단한 단면을 형성하도록 콘크리트를 충진하여 강화되었다. 보통의 경우 기둥은 강화 콘크리트가 채워진 철제 튜브의 역할을 한다. 화재상황하에서 바깥쪽 튜브는 소실되고 기둥 자체는 강화 콘크리트 기둥 역할을 한다.

건물의 서쪽 끝에 올려진 상부의 상자는 하부에서 한 그리드 뒤로 물어나 있는데, 덕분에 블랙프리아즈(Blackfriars)가 위로 3층 높이의 7.5미터 길이를 갖는 캔틸레버가 생겨났다. 이 인상적인 형상은 파사드안에 보이는 사선의 요소나 내부 평면 공간에 어떠한 방해도 없이 만들어졌다.

이중 셀 보가 12미터 × 7.5미터의 표준 그리드를 구성하기 위해 사용되었다. 그 보들은 내부 기둥의 한쪽 면으로 지나가며 한 쌍을 이룬다. 일반적으로 철골 구조에서 보는 기둥에서 멈추고 다시 시작되는데, 이것은 비효율적이다. 팔레스트라는 연속 보의 이점을 활용, 보가 35% 정도 가볍게 산출되었다.

다양한 캔틸레버, 트랜스퍼 구조, 경사기둥에도, 구조물은 900mm의 전체적인 구조, 서비스와 마감 영역 내에 600mm 영역 내부에 지어져 있다. 기하학적 구조와 12미터의 순 스팬에 의해 만들어지는 형상은 인상적이다. 철제 프레임이 구식 프레임보다 무거워질 것이라고 예상할 수 있지만, 연속성과 복합시공을 활용한 평방미터당 프레임 하중은 일반적인 프레임과 같다.

Structural design

At Palestra, the client aspired to a signature building for a speculative office price. To achieve this, the building utilises conventional materials of steel frame and concrete slabs on metal decking to meet unconventional demands put on the structure by the architecture.

Buro Happold introduced a number of key differences to the structure, allowing it to be built using normal methods but creating a technically different finished product. Examples are the raking columns, column construction, the large cantilever and the twin beam floor construction. This was accomplished while building directly above the Jubilee Line Extension and accommodating existing piled foundations from the previous building.

The building has raking columns at two levels which exert large horizontal forces on the building. A column set at an angle will exert a percentage of the vertical force it carries as a horizontal force, in direct relation to the column angle. The large cantilever also exerts a large horizontal force. We wrote a computer program that allowed SMC Alsop to play with the column angles in all locations, yet know the building still worked in terms of foundations and column sizes. The design team could adjust the complex column layout until late in the construction programme with confidence that the structure would work.

The column construction is designed to be very high strength and require no secondary fire protection. This was achieved using composite columns designed to European Codes. A circular hollow section (CHS) outer tube was reinforced by an internal CHS and both tubes filled with concrete to form a solid section. Under normal use the column works as a steel tube with reinforced concrete internally. Under fire conditions the outer tube becomes sacrificial and the column works as a reinforced concrete column.

At the west end of the building, the upper box is offset by one grid width from the lower, creating a three-storey deep 7.5m cantilever over Blackfriars Road. This impressive feature was achieved without the introduction of any visible diagonal elements in the facade or any disturbance to the internal floor space.

Twin cellular beams were used to span the standard grid of 12m by 7.5m. The beams are pairs that pass either side of internal columns. In conventional steel construction beams stop and start at columns, which is less efficient. Palestra takes advantage of continuity, yielding beams up to 35% lighter.

Despite the various cantilevers, transfer structures and raking columns, the structure was built in a 600mm zone within a 900mm overall structure, services and finishes zone. This is impressive given the geometry and the 12m clear spans. It is feasible to expect the steel frame would be heavier than a conventional frame, but by utilising continuity and the strength of composite construction, the frame weight per square metre is the same as a normal frame.

Andrew Lacey/Buro Happold

Steel

“전통적 건축구조를 구조적으로 의미 있는 부재로 분해하고 그것을 철재로 치환하는 역사를 거쳐서 철골이 새로운 구조 재료로 등장하는 과정에서 각 부재는 역사적 장식을 갖는 철재로 변신했다. 세부 장식을 갖는 철골은 장식을 통해서 자신의 출신을 보여주었다.”

서양 근 · 현대 건축의 역사, 스즈키 히로유키, 시공사, 2003, pp63

Gateways to the World
Gateways to the World
Gateways to the World
Gateways to the World
Gateways to the World
Gateways to the World
Gateways to the World
Gateways to the World
Gateways to the World
Gateways to the World
Gateways to the World
Gateways to the World
Gateways to the World
Gateways to the World
Gateways to the World
Gateways to the World
Gateways to the World
Gateways to the World
Gateways to the World
Gateways to the World
Gateways to the World
Gateways to the World
Gateways to the World
Gateways to the World
Gateways to the World
Gateways to the World
Gateways to the World
Gateways to the World
Gateways to the World
Gateways to the World
Gateways to the World
Gateways to the World
Gateways to the World
Gateways to the World
Gateways to the World
Gateways to the World
Gateways to the World
Gateways to the World
Gateways to the World
Gateways to the World
Gateways to the World
Gateways to the World
Gateways to the World
Gateways to the World
Gateways to the World
Gateways to the World
Gateways to the World
Gateways to the World
Gateways to the World
Gateways to the World
Gateways to the World
Gateways to the World
Gateways to the World
Gateways to the World
Gateways to the World
Gateways to the World
Gateways to the World
Gateways to the World
Gateways to the World
Gateways to the World
Gateways to the World
Gateways to the World
Gateways to the World
Gateways to the World
Gateways to the World
Gateways to the World
Gateways to the World
Gateways to the World
Gateways to the World
Gateways to the World
Gateways to the World
Gateways to the World
Gateways to the World
Gateways to the World
Gateways to the World
Gateways to the World
Gateways to the World
Gateways to the World
Gateways to the World
Gateways to the World
Gateways
Gateways
Gateways
Gateways
Gateways
Gateways
Gateways
Gateways
Gateways
Gateways
Gateways
Gateways
Gateways
Gateways
Gateways
Gateways
Gateways
Gateways
Gateways
Gateways
Gateways
Gateways
Gateways
Gateways
Gateways
Gateways
Gateways
Gateways
Gateways
Gateways
Gateways
Gateways
Gateways
Gateways
Gateways
Gateways
Gateways
Gateways
Gateways
Gateways

the World
the World
the World
the World
the World
the World
the World
the World
the World
the World
the World
the World
the World
the World
the World
the World
the World
the World
the World
the World
the World
the World
the World
the World
the World
the World
the World
the World
the World
the World
the World
the World
the World
the World
the World
the World
the World
the World
the World
the World

Gateways to the World
Gateways to the World
Gateways to the World
Gateways to the World
Gateways to the World

tag: Murphy/
Jahn, gateways,
Bangkok, Thailand,
Suvarnabhumi,
international, airport,
tropical climate,
integration, terminal,
challenge, combination,
transportation,
open, MIni-City,
architectural, structural,
environmental,
new, materials,
technology, steel,
translucent, membrane,
daylight, low energy,
ArchiNeering,
connection, local,
cultural, Richard
Rogers, Madrid, Spain,
Barajas, efficiency, 21C,
functional, spectacular,
passenger, natural,
bamboo, limestone,
canyons, transit, enjoy,
transferring, flexible,
traffic, modular, future,
extensions, orientation,
colours, ventilation

Gateways to the World
Gateways to the World
Gateways to the World
Gateways to the World
Gateways to the World
Gateways to the World

Gateways to the World
Gateways to the World
Gateways to the World
Gateways to the World
Gateways to the World
Gateways to the World
Gateways to the World
Gateways to the World
Gateways to the World
Gateways to the World
Gateways to the World
Gateways to the World
Gateways to the World
Gateways to the World
Gateways to the World
Gateways to the World
Gateways to the World
Gateways to the World
Gateways to the World
Gateways to the World
Gateways to the World
Gateways to the World
Gateways to the World
Gateways to the World
Gateways to the World
Gateways to the World
Gateways to the World
Gateways to the World
Gateways to the World
Gateways to the World
Gateways to the World
Gateways to the World
Gateways to the World
Gateways to the World
Gateways to the World
Gateways to the World
Gateways to the World
Gateways to the World
Gateways to the World
Gateways to the World

Function:	Airport
Total floor area:	Passenger(563,000m²), Cargo terminal(190,000m²)
Photographer:	Murphy/Jahn
Associate Architect / Engineer :	ACT Consultants
Structural Concept :	Werner Sobek Ingenieure
Climate and Environmental Concept :	Transsolar Energietechnik

Suvarnabhumi International Airport

Bangkok, Thailand
Murphy/Jahn
1995-2006

수바나부미(Suvarnabhumi) 국제공항의 승객 터미널은 국제 현상설계경기를 통해 선정되었으며, 워너 소벡(Werner Sobek), 마티아스 슐러(Matthias Schuler), 헬무트 얀(Helmut Jahn)의 공동 작업으로 진행되었다. 주어진 과제는 대규모의 색다른 프로젝트였다. 열대기후를 가진 태국의 새로운 관문을 창조하는 사업을 위해서는 건축과 엔지니어링에 대한 색다른 접근 방식이 필요했다. 각 분야의 협력을 통해 복잡한 문제들은, 정교하고 지적이면서도 단순한 해결책을 통해 풀릴 수 있었다. 11년간 설계와 공사가 진행되었고, 2006년 말 터미널은 승객들에게 개장되었다.

설계안은 1950년대부터 시작된 머피/얀의 공항 터미널 설계 경험을 참조했다. 거기에는 시카고의 오해어(O'Hare) 국제공항과, 특별히 1980년대 유나이티드 항공사의 신축 터미널, 그리고 거의 완공단계에 있는 어메리칸 항공사의 터미널 3 리노베이션과 터미널 2, 그리고 켐핀스키(Kempinski) 호텔, 뮌헨(Munich) 공항 센터와 기반시설, 주차장, 조경 구역과 쾰른/본(Cologne/Bonn) 공항의 신규 터미널 2를 포함한 뮌헨 새 공항의 상업시설부문에 대한 작업 등이 포함된다.

이 건물은 또한 오늘날의 공항은 새로운 건물 유형으로 만들어져야 한다는 과제에 대한 답변이기도 하다. 공항은 이제 교통시설과 '몰'의 특이한 조합이 되어버렸다. 공항은 도시 밖에 도시를 만들며, 한 도시, 지역, 국가에 대한 첫인상과 마지막 인상을 결정한다. 공항에서는 인생의 모든 측면과 만날 수 있다.

우리에게 건축적으로 중요한 것은 개방감과 개방된 공간에 대한 이해와 경험이고, 기억에 남을 만한 이미지로서의 지붕과 공간의 표정이며, 공공 영역과 사적인 공간을 구분하는 경계를 눈에 잘 띄지 않게 함으로써 공항 터미널을 '작은 도시(Mini-City)'의 모형으로 만드는 것이었다. 도시에서처럼 공항에서도 광장 및 거리, 교통시설을 위한 공간, 상업시설, 사적인 용도의 공간으로 이어지는 경험을 할 수 있다.

수바마부미 공항의 설계안과 시공에는 건축, 구조, 환경 분야가 혁신적으로 통합된 설계기법이 사용되었고, 발전된 기술이 적용된 새로운 자재와 시스템이 개발되었다. 설계 목표를 충족하기 위해 특별한 시공 과정이 필요했다.

그 결과는 더 길어진 스팬, 가벼운 철골 구조, 프리캐스트 노출 콘크리트 구조, 투명 로우이 코팅유리, 3중 반투명 막구조, 물을 에너지 절약을 위한 매개체로 활용한 통합 냉방, 콘크리트 열 매스, 그리고 열변화가 최소화된 환기 시스템으로의 치환 등으로 나타났다.

각각의 요소와 부분들은 전체적으로 조화를 이루면서 실제적으로는 각 요소가 가지고 있는 기본적인 역할보다 더 기능적으로 작용한다. 그것들은 일광과 안락함을 극대화함과 동시에 생애주기 비용을 상당히 절약하면서 에너지의 사용을 최소화한다. 전통적인 시스템과 비교할 때 여기 설치된 냉각기의 용량은 50% 가까이 줄어든다. 3중 반투명 막구조는 외부의 조건을 조절하기위해 개발되었다. 막구조는 자연광을 건물 내부로 끌어들이면서 동시에 열과 소음이 전달되는 것을 조절하는 역할을 담당한다.

결론적으로, 열대기후 속에 놓인 건물은 잘 조절된 일광으로 가득 차 있다. 여기서 건축가와 엔지니어들은 같은 어휘를 사용한다. 우리는 이러한 프로세스를 아키니어링(Archi-Neering)이라고 부른다. 건축가는 그가 설계한 형태가 미치는 기술적인 결과물에 대해 고민하고, 엔지니어들은 그들이 가지고 있던 개념과 결정사항의 미적인 결과에 대해 고려한다.

그렇게 발전된 기술적인 개념과 구조를 지닌 건물에 그 지역의 문화적 전통과 예술과의 연결을 형성하는 것이 중요한데, 이것은 터미널에 접한 도시 및 시골의 태국식 조경을 대표하는 그늘진 정원, 터미널과 콘코스(concourse) 사이의 정글 정원, 유리면과 바닥의 패턴과 색채, 그리고 에어사이드 센터와 콘코스에 놓인 태국식 유물들에 의해 조성된다.

이런 조합(combination)을 통해 수바나부미 공항은 태국이 세계로 향하는 관문이 된다.

The passenger terminal complex at Suvarnabhumi Airport resulted from an International Competition and established the basis of collaboration between Werner Sobek, Matthias Schuler and Helmut Jahn. The challenge was great and unusual. The task of creating a new gateway to Thailand in a tropical climate necessitated a different approach to architecture and engineering. Through the integration of the disciplines the complex problem resulted in a sophisticated, intelligent yet simple solution. After 11 years of planning and construction the Terminal is set to open for passenger traffic in late 2006.
The design took into consideration Murphy/Jahn's experience with airport terminal design, starting in the 1950's. Those buildings included O'Hare International Airport in Chicago and particularly the New United Airlines Terminal of the mid 1980's and the near completed renovation of Terminals 3 for American Airlines and Terminals 2, the work in the commercial zone of the New Munich Airport which included the Kempinski Hotel, the Munich Airport Center and Infrastructure, Parking and landscaped areas and the new Terminal 2 at the Airport in Cologne/Bonn.
It also responded to the challenge that airports today are a New Building Type. They have become a strange combination of Transportation Center and 'Mall'. They constitute cities outside cities and give the first and last impression of a city, region or country. They are places to meet for people of all facets of life.
Architecturally important seem to us the openness and comprehension and experience of the open spaces, the gesture of the roof and spaces as memorable images and the way the blurring of the boundaries between public and private space make an airport terminal a model of a 'Mini-City'. Like in a city the experience leads through squares, streets and rooms for transportation, commerce and private uses.
In the design and execution of Suvarnabhumi Airport, innovative and integrated architectural, structural and environmental design were used, new materials and systems of advanced technology were developed and unusual construction processes required to meet the design goals.
The results are advanced long span, lightweight steel structures, exposed pre-cast concrete structures, clear or low e-coated glass, a three layer translucent membrane, integrated cooling, using water as a low energy carrier and the thermal mass of concrete and a displacement ventilation system with minimal air-changes.
Those components and parts serve in their total composition and in use more than in their conventional roles. They maximize daylight and comfort, yet minimize the use of energy with significant life cycle cost savings. The installed cooling power is reduced close to 50% compared to a conventional system. The three layer translucent membrane was developed to mediate between the exterior and interior conditions, dealing with heat and noise transmission, while still allowing for natural daylight within the building.
The result is a building flooded with controlled daylight in a tropical climate. Architect and engineers speak here the same language, a process we refer to as Archi-Neering: the architect thinks about the technical consequences of the forms he designs and the engineers consider the aesthetic results of their concepts and decisions.
In a building with such advanced technical concept and construct it is important to establish a connection to local cultural tradition and art. This is done through the shaded gardens flanking the terminal, which represent Thai landscape in cities and in the country, a jungle garden between the terminal and concourse, traditional artistic patterns and colors on glazed surfaces and floors and Thai artifacts placed at the airside centers and concourses.
This combination makes Suvarnabhumi Airport Thailand's own Gateway to the World.
Helmut Jahn

E3
Gate E

E4
E1,E1a
E2,E2a
E3,5,7,9
E4,6,8,10

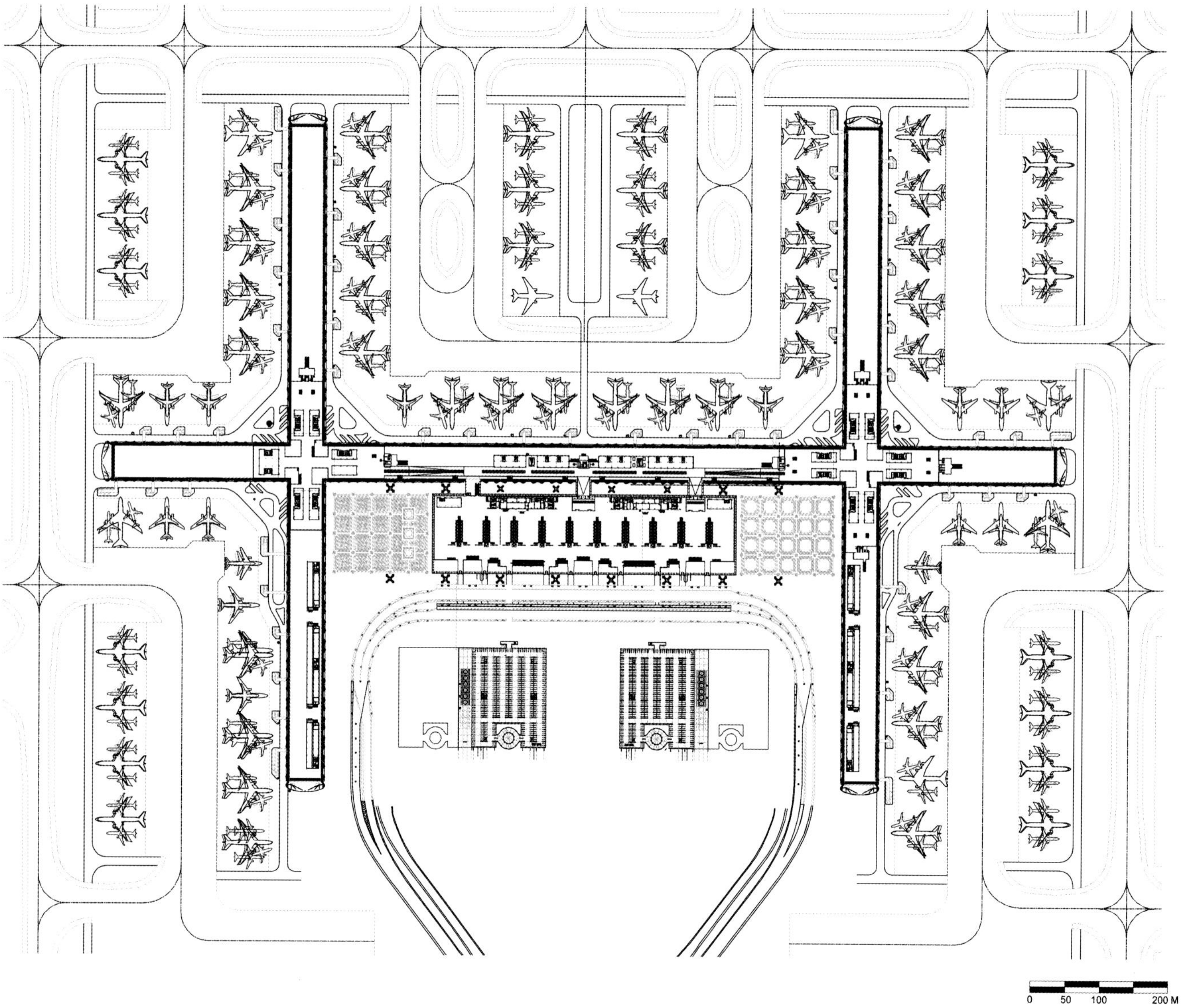

departure level plan

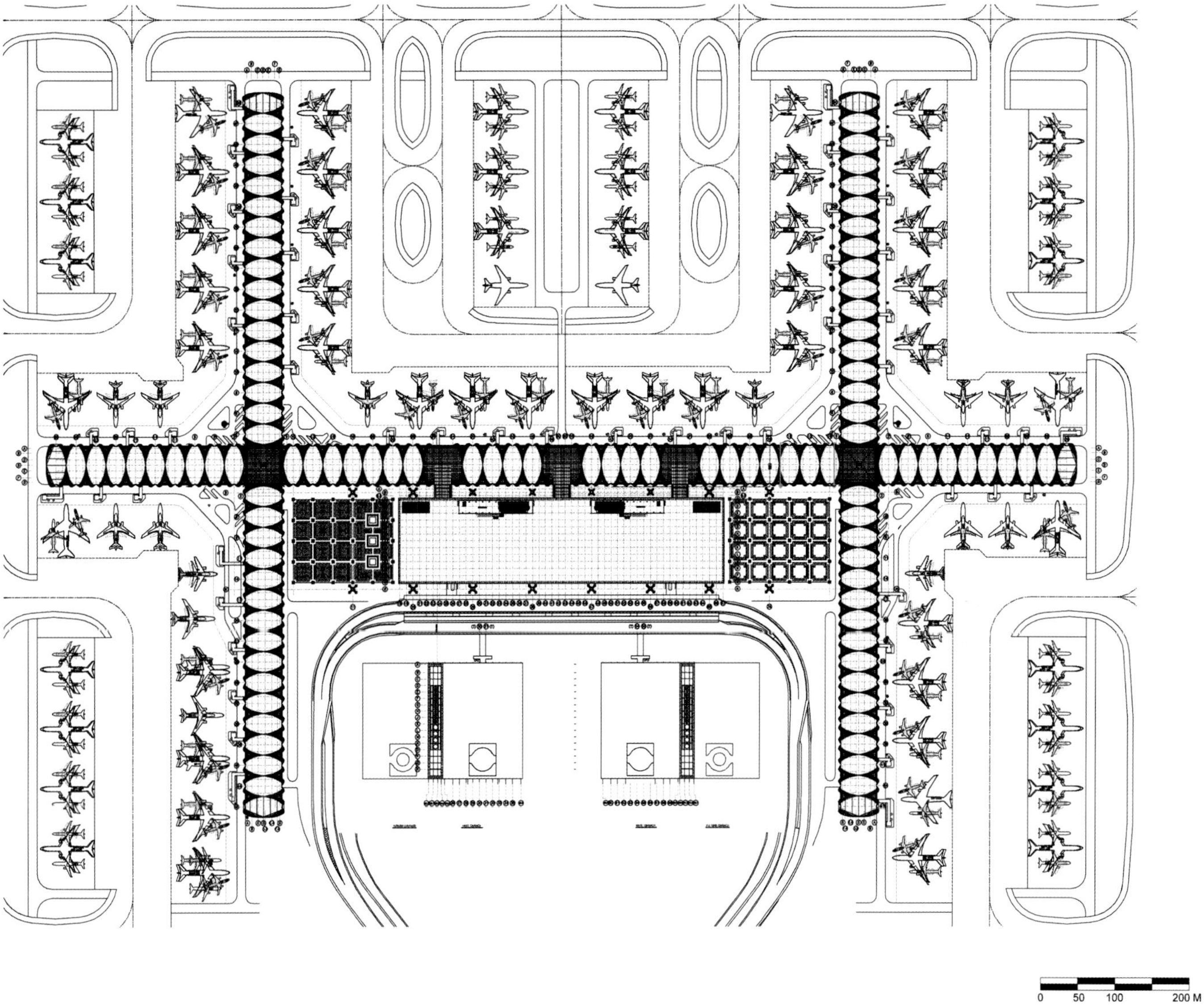

roof plan

E10

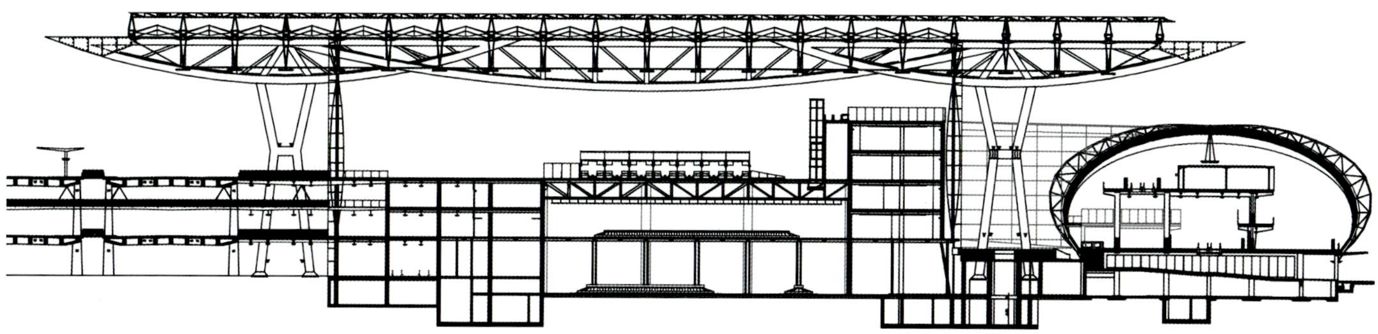

section

Function: Transport

Total floor area: 1,158,000m²- Terminal(470,000m²), Satellite(315,000m²)

Co-Architect: Estudio Lamela

Client: AENA

Photographer: Roland Halbe, Richard Rogers Partnership

Airport Consultant: Initec / TPS

Structural Engineer: Anthony Hunt Associates / TPS with OTEP / HCA

Madrid Barajas Airport

Madrid, Spain
Richard Rogers Partnership
1997-2006

스페인항공청(ANENA)은 21세기 항공 수요의 증가에 대응하기위해 1993년 개장한 기존의 마드리드 바라하스 공항의 시설을 확장할 필요성을 인식하고 이러한 시설을 건설하기로 결정했다. 새로운 공항 건설의 목표는 마드리드를 효율성과 건축적 품질이라는 측면에서 다른 신생 공행들과 경쟁하며, 남미와 유럽 사이 유럽 교통의 주요 중심지로 자리매김하도록 하는 것이었다. 신규터미널을 이용하는 승객들은 년간 약 2천 5백만 명에 이를 것으로 예상되며, 이에 따라 바라하스 공항은 현재 수용인원의 두 배에 가까운 6천 5백만명에서 약 7천만 명의 승객을 수용하게 될 것이다.

1997년, 주요 터미널 시설인 T-4와 부속건설인 T-1S을 건설하기 위한 국제 공모전에서 Richard Rogers Partnership와 스페인 건축사무소인 Estudio Lamela와 건설회사인 TPS와 Initec으로 구성된 컨소시엄이 당선되었다. 전체 개발 계획에는 터미널 시설인 T-4(470,000㎡), 부속동인 T-1S(315,000㎡), 주차장 건물(335,000㎡-주차대수 9,000대), 신규 지하철역사 건물 등이 포함된다. 총 사업을 위한 경비는 새로운 활주로와 기반시설을 포함하여 약 3백만 유로가 소요되었다. 건축공사는 2000년 착수되었고, 스페인 수상 호세 루이 로드리게스 자파테로에 의해 2006년 2월 공식적으로 개장되었다.

최근 폭발적으로 증가한 항공 여행의 수요에 대응하기 위해 디자인 프로세스는 공항의 운영상 고도로 기능적이면서 개념적으로도 볼만한 건축물을 통해 승객들에게 독특한 경험을 체험할 수 있도록 하는 것에 초점을 맞추고 있다. 종종 표지에 의존해 길을 찾아야만 하는 대다수의 특징 없는 현대식 공항 건물과는 대조적으로 T-4와 T-1S는 디자인을 통해 분명하면서도 온화한 환경을 만들어내려 하고 있다. 그러한 환경을 만들기 위해 한 가지 방안으로 자연 재료를 사용하였는데, 1.2km 길이의 T-4 터미널과 1km 길이의 T-1S 부속건물 전체를 가로지르는 독특한 물결모양의 대나무 지붕과 석회석 바닥마감에서 매우 성공적으로 실현되었다.

설계팀이 중점적으로 고려한 것은 자연광을 여러 층으로 이루어진 터미널 안으로 끌어들이는 방안에 관한 것이었다. 이러한 고민에 대한 해결책으로 넓은 공간에 휴먼스케일을 부여하고 도착장에서 출국 라운지와 비행기까지 승객들이 통과하는 단계들로 나누는 일련의 웅장하고 높은 빛으로 충만한 '협곡'을 마련하였다. 또한, 건물을 찾은 승객들과 방문객들은 건물의 지붕에서부터 내려온 유리 파사드 너머로 산을 내다보는 전망을 즐길 수 있다.

주요 터미널 건물인 T-4는 6개 층에 걸쳐 사람들을 분산 수용한다. 탑승 수속(체크인, 보안검색, 보딩 및 수하물 수속)을 위해 지상 3개 층이 사용되고, 지하 3개 층은 관리, 수하물 처리, 건물 간 승객 운송을 위해 사용된다. T-4 건물은 항공기와 연결되는 36개의 스탠드가 붙어 있고 국내선 및 셴젠(Shengen)항공기들을 수용한다. T-1S 부속동은 T-4건물에서 2.4km 떨어진 새로운 활주로 사이에 자리 잡고 있고, 메인 터미널에서는 지하연결기차를 통해 연결된다. T-1S 부속동에는 26개의 항공기 연결 스탠드가 있고 국제선과 비-셴젠 항공기들이 이용한다. 항공 수요가 지속적으로 늘어나면 대지에는 두 번째 부속건물이 들어설 수 있다.

18미터×9미터의 구조 그리드 상에서 반복되는 대규모 모듈 시스템이 적용된 유연한 루즈-핏(loose-fit) 시스템이 대규모 사용자를 수용하기 위한 최적의 해결책으로 선택되었다. 또한, 설계와 건축 개념의 단순함이 향후 있을지도 모를 확장에 대한 가능성을 열어준다.

알루미늄으로 마감된 지붕과 대나무 천정은 중앙부의 'Y'자 철골구조물로 지지된다. 1.2km 길이의 남쪽 붉은 색 벽체와 북쪽의 푸른색으로 점차적으로 변하는 색채와 건물 중앙의 철골구조물은 해바라기와 같은 노란색이 칠해져있어서, 건물에 밝고 온화한 느낌을 더해주며 승객들이 길을 찾는 데 도움을 준다.

자연광과 마드리드의 여름 무더위에 대항하는 소극적인 환경시스템 간에 어떻게 균형을 이룰 것인지가 설계팀이 직면했던 과제였다. 이러한 문제는 주요 파사드가 동서를 향하도록 공항을 남북방향으로 앉힘으로서 해결하였다. 파사드는 길게 내민 처마와 외부 차양의 조합을 통해 보호된다. 저에너지환기시스템이 벽체에 사용되었고, 다른 곳에는 더 일반적인 고속 환기시스템이 사용되었다. 이러한 자연광의 사용은 에너지 소비를 줄이는 데 중요한 역할을 하게 된다.

In response to the increasing demands of 21st century air travel, the Spanish Airport Authority(AENA) identified the need to expand the existing Madrid Barajas Airport. The aspiration was to establish Madrid as a major European transport hub, which would act as a gateway between South America and Europe and compete with a new generation of airports both in terms of efficiency and architectural quality. Some 35 million passengers a year are expected to use the New Terminal Area(T-4) allowing Barajas Airport to accommodate up to a total of 65-70 million passengers each year, almost doubling its current capacity.

The architects won an international competition to design T-4 and a satellite building(T-1S) in 1997. The total development includes the main T-4 terminal building(470,000m^2), the additional T- 1S building(315,000m^2) and 335,000m^2 of parking buildings (for 9,000 vehicles) and buildings for a new metro station. The project was estimated at a cost of around three billion euros including new runways and infrastructure. Building began on site in 2000 and was officially opened by the Spanish Prime Minster Jose Luis Rodriguez Zapatero in February 2006.

As demand for air travel has increased enormously in recent years, the design process focused on creating a unique passenger experience through a building which was both highly functional in its operations and spectacular in concept. In contrast to the anonymous designs of many modern airport buildings, which can be difficult for users to navigate and often rely on signage, T-4 and T-1S seek to create a clear calming environment through design. The use of natural materials is one way this is achieved, most successfully in the distinctive undulating bamboo roof and the limestone flooring, a theme running throughout the 1.2 km long T-4 terminal and the 1km-long T-1S satellite.

A major consideration of the design team was how to bring natural daylight into a multi-level terminal. The solution is a series of spectacular full-height light-filled

'canyons' that bring a human scale to the vast space and divide it into the stages of transit from point of arrival, through to the departure lounges and aircrafts. In addition, passengers and visitors to the building can enjoy views out to the mountains and beyond through the glazed facades which are hung from the roof of the building.

The accommodation in T-4 is distributed over six floors; three above ground for the passenger processes(check-in, security, boarding and baggage reclaim), and three underground levels(maintenance, baggage processing and transferring passengers between buildings). The T-4 building incorporates 36 stands for airplanes and houses domestic and Shengen flights. The T-1S satellite building is located between the new runways(2.4km from the T-4 building), and is reached from the main terminal by a connecting underground train. The T-1S satellite incorporates 26 stands for airplanes and houses international and non-Shengen flights. If air traffic continues its increase, the site offers the possibility to build a second satellite.

A flexible, loose-fit system employing largescale modular repetition on an 18 metre by 9 metre structural grid was chosen as the best solution to accommodate the multitude of uses. The simplicity of the design and architectural concept also allows for the possibility of potential future extensions.

The roof, finished externally in aluminium, and the bamboo ceiling are supported on central 'Y'-shaped steel structures. In the centre of the building, the exposed steelwork is coloured sunflower yellow, with the colours changing gradually along the length of the 1.2km pier from red on the southern side to blue on the northern side, adding brightness and warmth to the building and helping passenger orientation.

The design team faced the challenge of how to balance the use of natural daylight and passive environmental systems against the extreme heat of the summer in Madrid. This was achieved by positioning the airport to benefit from a north-south orientation with the primary facades facing east and west. The facades are protected by a combination of deep roof overhangs and external shading. A low energy displacement ventilation system is used in the pier, and elsewhere a more conventional high velocity system is used. The use of natural daylight is also a key component in reducing energy consumption.

Richard Rogers

Madrid, Spain
Richard Rogers Partnership
1997-2006

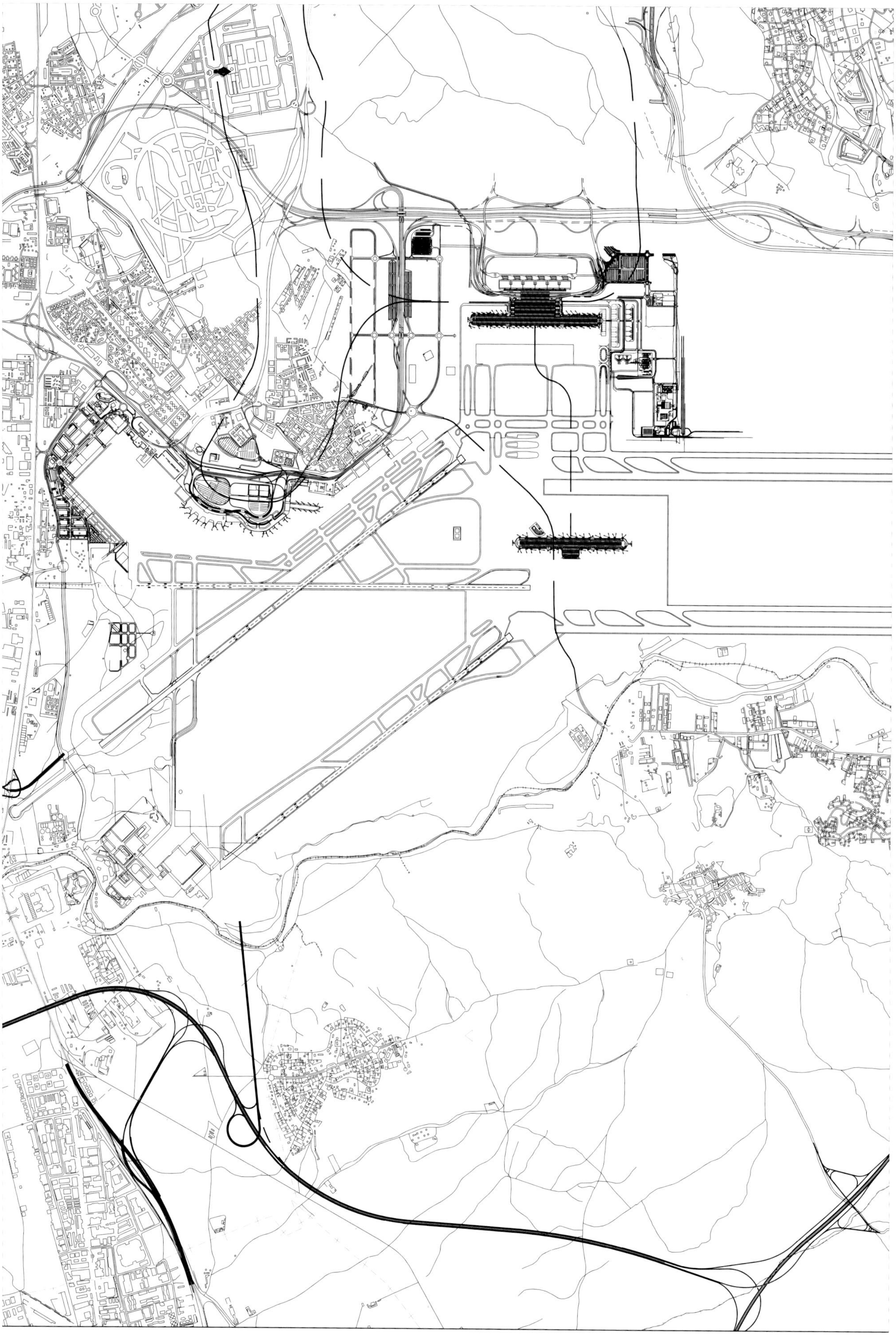

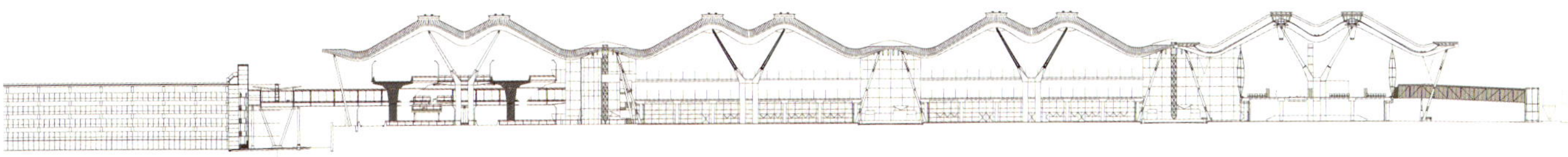

car park & terminal building south elevation

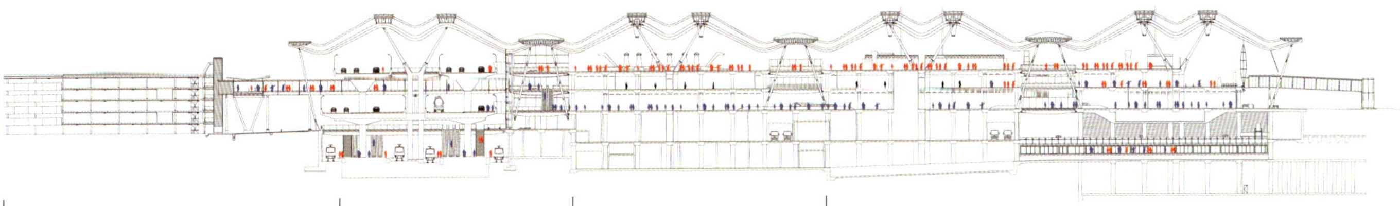

car park | fore courts | check in spine | processing spine

car park & tcrminal building section

LEYENDA

SALIDAS

LLEGADAS

ALZADO Y SECCION TRANSVERSAL
ELEVATION AND TRANSVERSAL SECTION

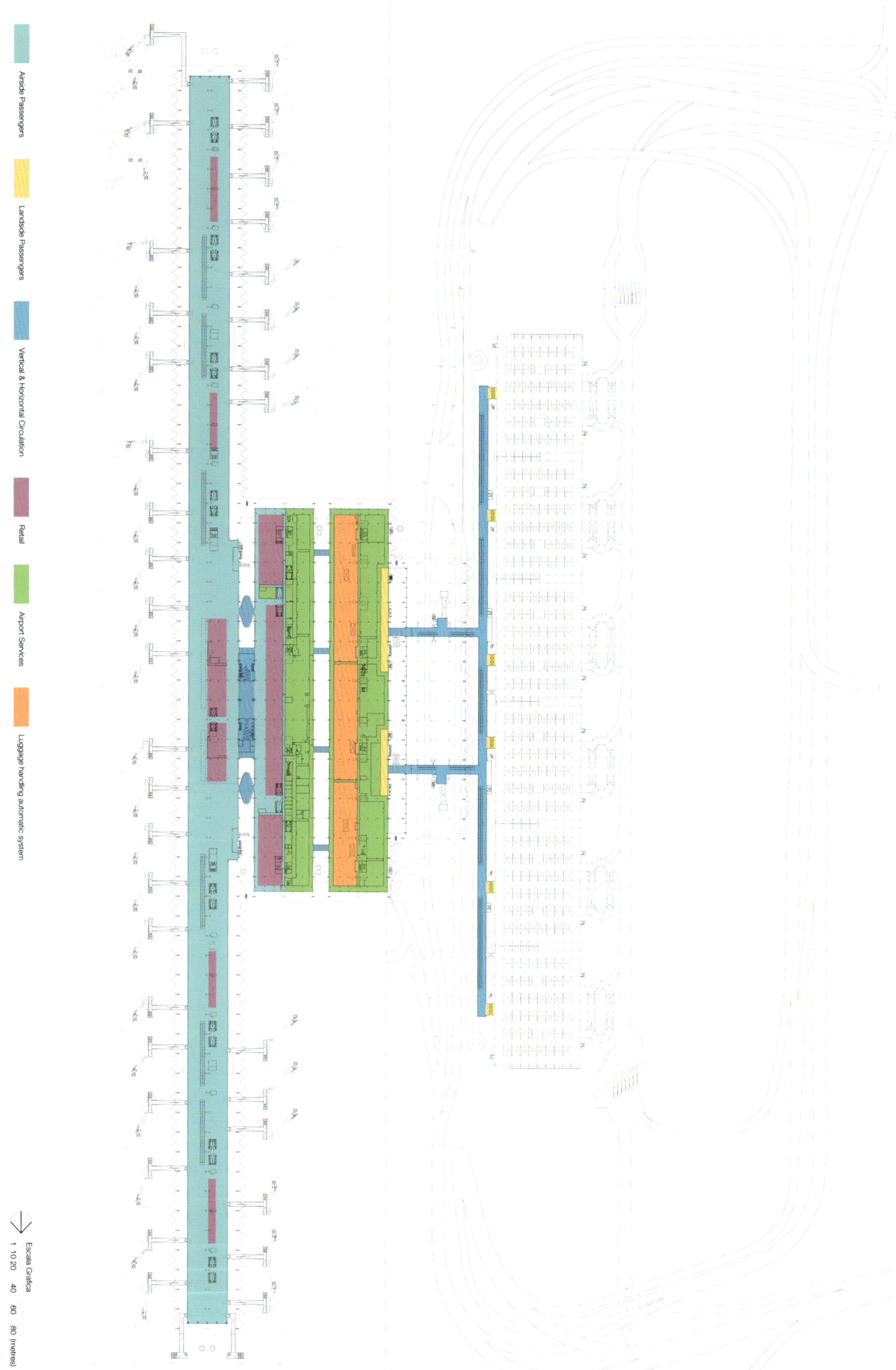

terminal level +1

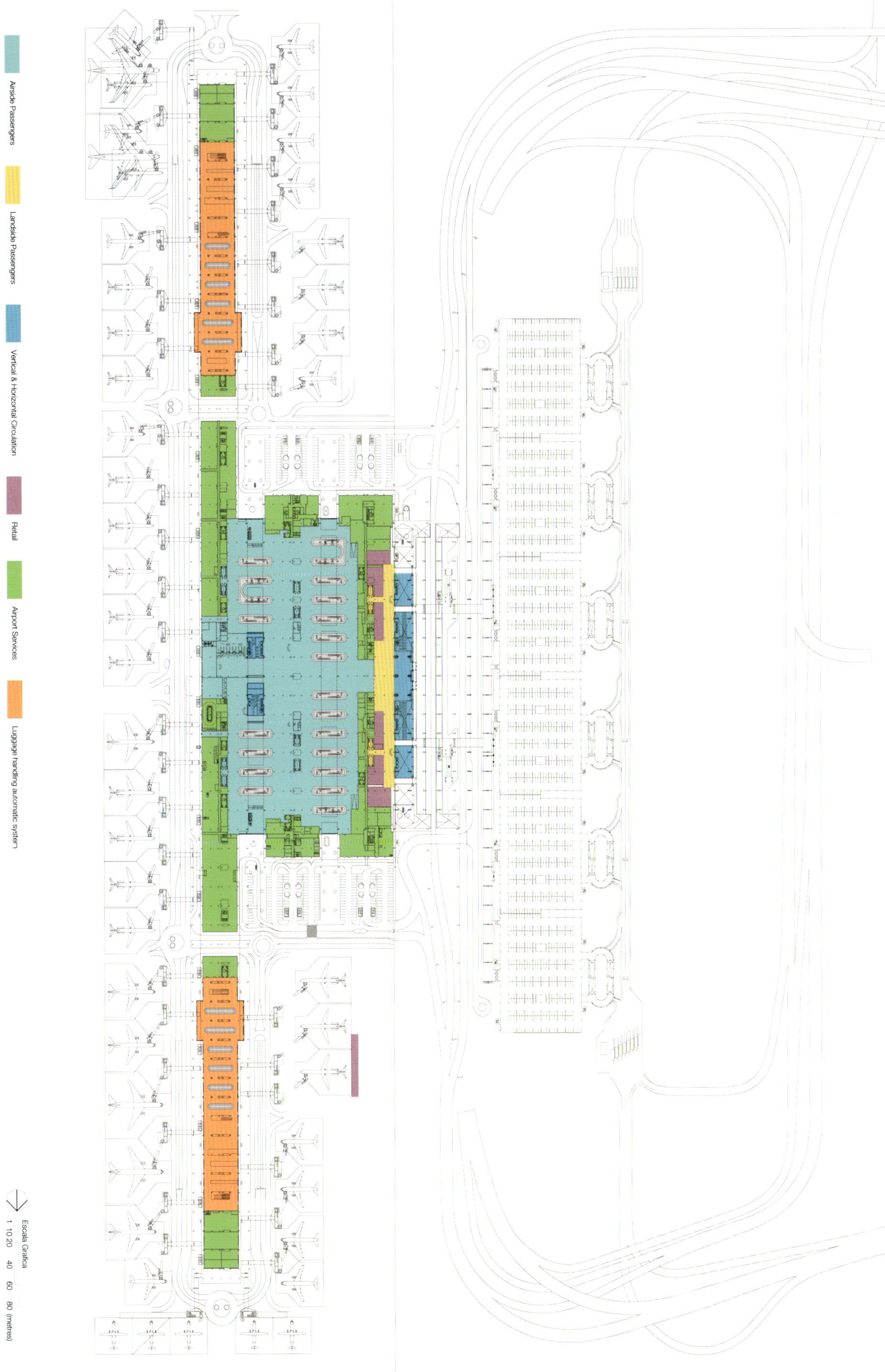

terminal level 0

Madrid, Spain
Richard Rogers Partnership
1997-2006

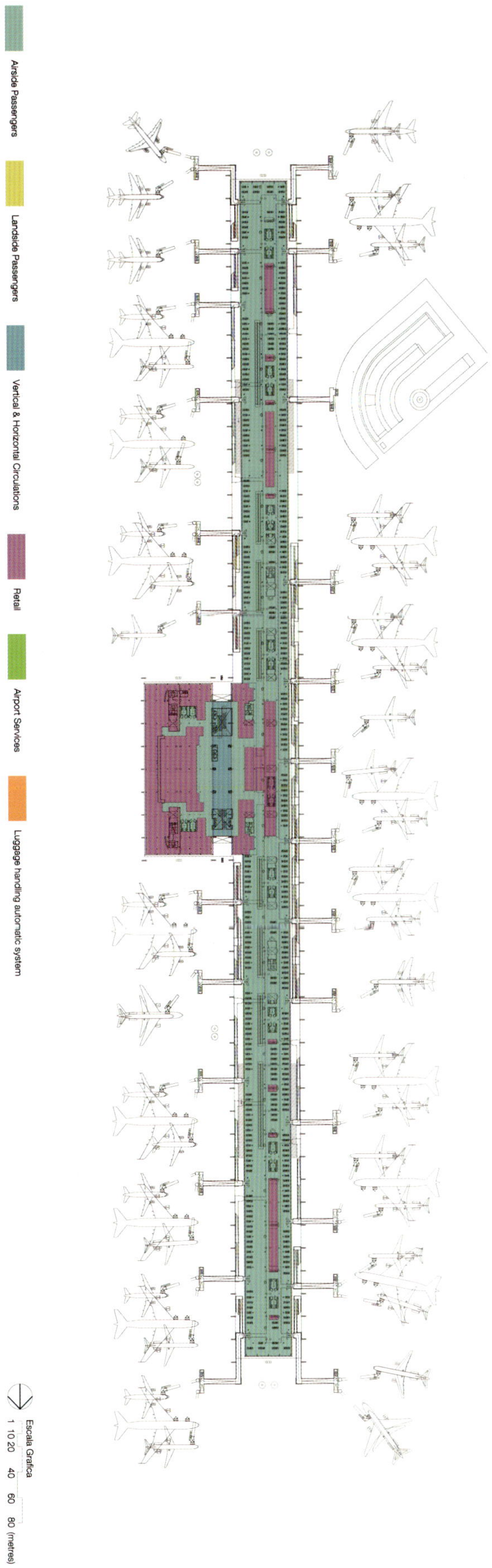

satellite level +1

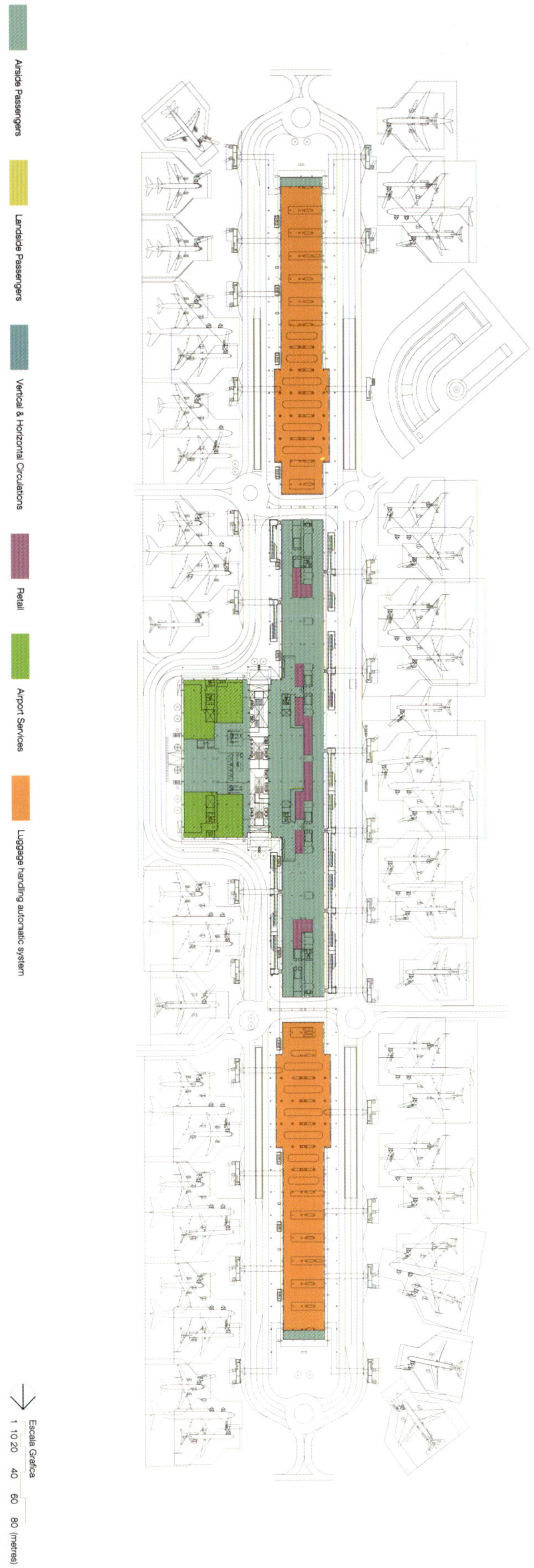

satellite level +2

Madrid, Spain
Richard Rogers Partnership
1997-2006

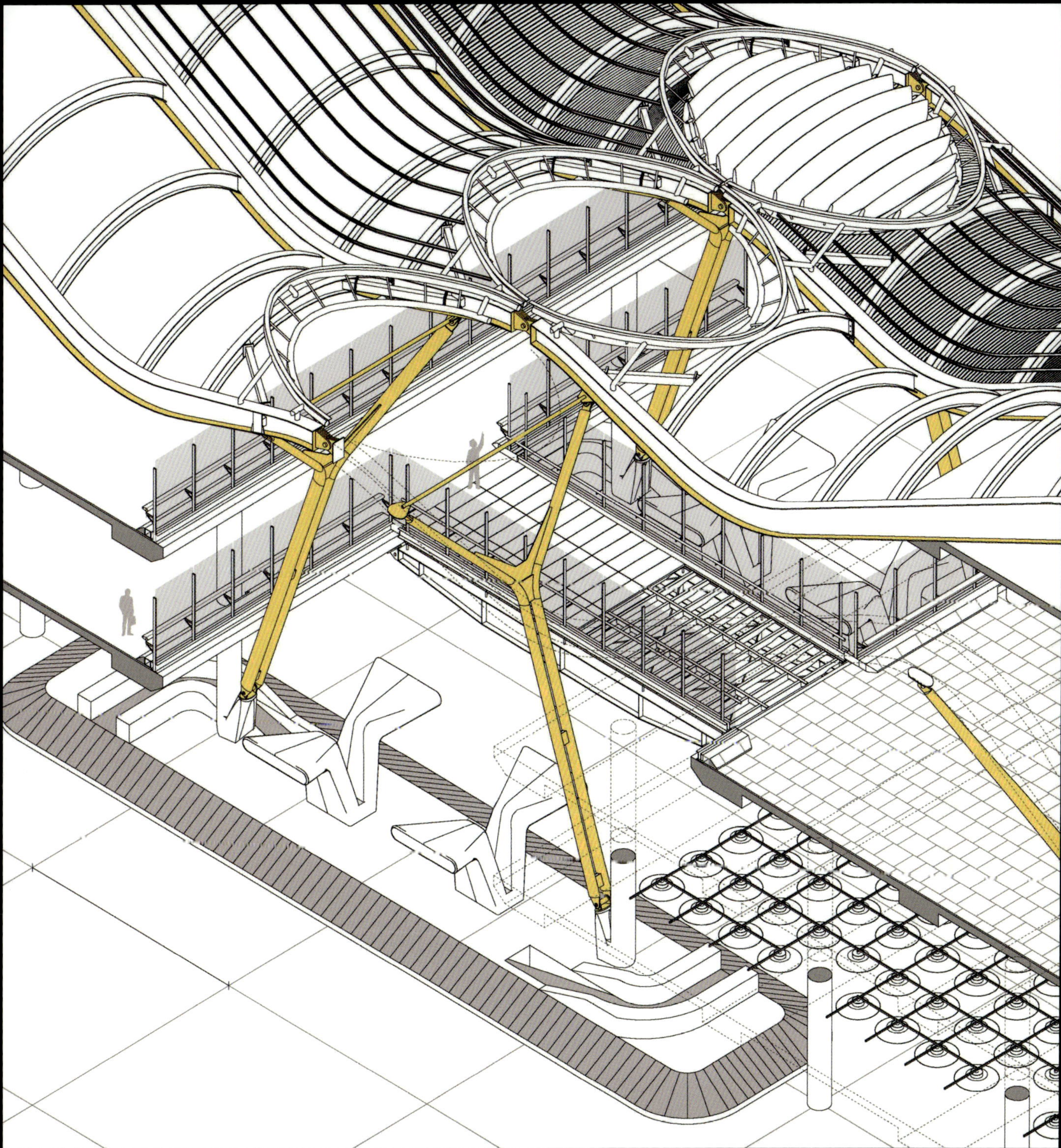

Terminal building 'B'canyon between check in and controls. Luggage collection at level 0 and horizontal connections.

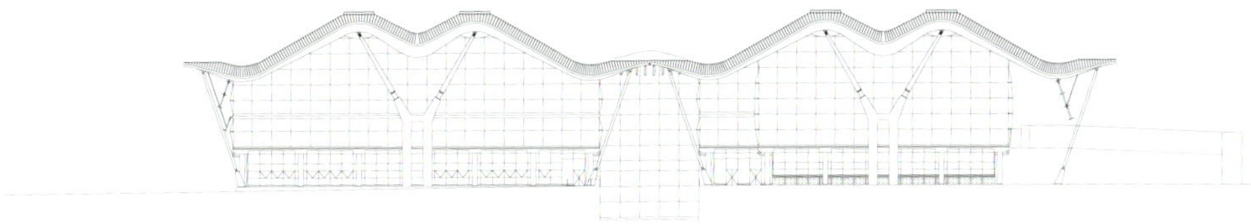

sattellite building south elevation

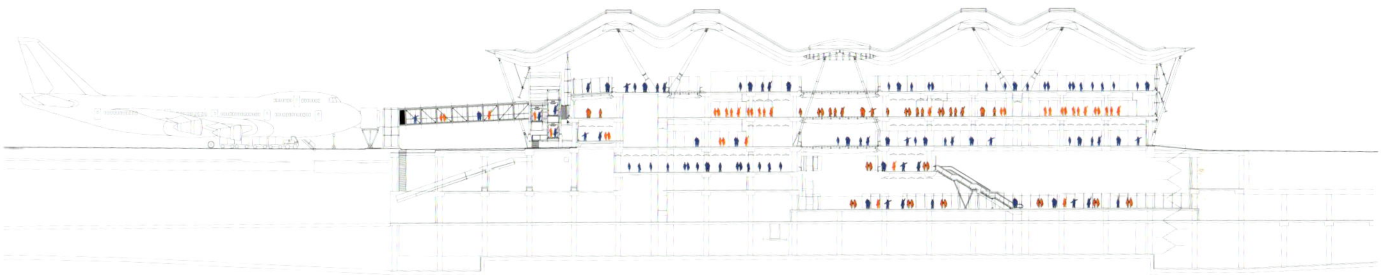

sattellite building section

LEYENDA

SALIDAS

LLEGADAS

Transports redevelopment
for the future
Transports redevelopment
for the future
Transports redevelopment
for the future
Transports redevelopment
for the future
Transports redevelopment
for the future
Transports redevelopment
for the future

tag: Grimshaw, Southern Cross, station, reorganization, expansion, transport, infrastructure, Melbourne, public, future, reinterpretation, 19C, sheds, natural ventilation, steel, structural, redevelopment, regenerated, Norman Foster, Dresden, translucent, roof, daylight, energy, restoration, historic, replaced, original

Transports redevelopment
for the future
Transports redevelopment
for the future
Transports redevelopment
for the future
Transports redevelopment
for the future
Transports redevelopment
for the future
Transports redevelopment
for the future
Transports redevelopment
for the future
Transports redevelopment
for the future

Transports redevelopment
for the future
Transports redevelopment
for the future
Transports redevelopment
for the future
Transports redevelopment
for the future
Transports redevelopment
for the future
Transports redevelopment
for the future
Transports redevelopment
for the future
Transports redevelopment
for the future
Transports redevelopment
for the future
Transports redevelopment
for the future
Transports redevelopment
for the future
Transports redevelopment
for the future
Transports redevelopment
for the future
Transports redevelopment
for the future
Transports redevelopment
for the future
Transports redevelopment
for the future
Transports redevelopment
for the future
Transports redevelopment
for the future
Transports redevelopment
for the future
Transports redevelopment
for the future

Transports redevelopment
for the future

Transports redevelopment
for the future
Transports redevelopment
for the future
Transports redevelopment
for the future
Transports redevelopment
for the future
Transports redevelopment
for the future
Transports redevelopment
for the future
Transports redevelopment
for the future
Transports redevelopment
for the future
Transports redevelopment
for the future
Transports redevelopment
for the future
Transports redevelopment
for the future
Transports redevelopment
for the future
Transports redevelopment
for the future
Transports redevelopment
for the future
Transports redevelopment
for the future
Transports redevelopment
for the future
Transports redevelopment
for the future
Transports redevelopment
for the future
Transports redevelopment
for the future
Transports redevelopment
for the future
Transports redevelopment
for the future
Transports redevelopment
for the future
Transports redevelopment
for the future
Transports redevelopment
for the future
Transports redevelopment
for the future
Transports redevelopment
for the future
Transports redevelopment
for the future
Transports redevelopment
for the future
Transports redevelopment
for the future
Transports redevelopment
for the future
Transports redevelopment
for the future
Transports redevelopment
for the future
Transports redevelopment
for the future
Transports redevelopment
for the future
Transports redevelopment
for the future
Transports redevelopment
for the future
Transports redevelopment
for the future
Transports redevelopment
for the future
Transports redevelopment
for the future

Function: Station

New design: Platform halls, reception building

Architect: Norman Foster, Spencer de Grey, Christian Hallmann, Stanley Fuls

Client: Deutsche Bahn AG Station & Service

Structural engineer: Buro Happold · Membrane Roof

Schmitt Stumpf Fruhauf & Partner · Existing Building

Photographer: Niel young(Foster + Partners)

Dresden Station Redevelopment

Dresden, Germany
Forster + Partners
1997-2006

실로 엄청난 규모인 30,000평방미터의 투명한 지붕으로 재건축 된 드레스덴(Dresden)역이 개장하였다. 유럽에서 19세기의 가장 인상적인 기차역 중 하나이며, 1945년 폭격에도 남아있는 몇 되지 않는 주요 건축물인 드레스덴 역의 본래 구조체는 이전의 웅대함을 그대로 드러내며 보존되었다. 텔프론(Teflon)으로 덮여 있는 유리 섬유 스킨은 역 안으로 자연채광이 흘러들어 오도록 하고 있으며, 인공조명의 에너지 소모를 상당히 줄이는 데 일조하고 있다. 야간에는 조명 빛이 지붕 차양 아래에서 반사되면서 빛의 흩어짐을 연출하기도 하여, 전체 구조체 외부로부터 오묘한 은빛 백색을 발산하게 된다. 주변지역을 소생시키는 광대한 계획의 일부인, 이 프로젝트는 여행자센터, 상점들과 식당들을 포함하고 있는 역사적인 리셉션 빌딩의 복원도 포함하고 있다.

드레스덴 역은 1898년 Ernst Giese와 Paul Weidner에 의해 디자인되었다. 2차 대전 중에 참혹하게 파괴되었으며, 전후에도 형편없는 유지관리로 인해 그 상태가 더욱 악화되었다. 본래 지붕은 일부 유리로 되어 있었지만 전후에 목재로 덮여 자연채광이 거의 들어오지 못하는 상태였다. 노먼 포스터 건축사무소는 다 무너져가는 구조체에 대하여, 본래 디자인의 숭고함을 보존하려고 지난 수백 년간 이 건물에 더해진 여러 가지 첨가된 구조들과 다양한 변화들을 제거했다. 새로운 지붕은 기존 구조체의 완벽한 디테일에 주목하여 그려진, 최소한의 보강재 역할을 하는 19세기 아치로 지지된다.

마치 거대한 바실리카처럼 리셉션 빌딩은 34미터 높이 반구형 유리로 씌워진 십자가모양의 아케이드를 포함하고 있다. 이전에 가려져 있던 돔의 유리는 교체되었고, 돔 아래에 새로운 이동 가능한 투명 호일 쿠션은 빛으로 공간을 채우고 자연 환기가 되도록 하였다. 과거의 대기실들은 여행자 센터와 아케이드의 아치 아래 줄지어진 상점들로 이루어진 식당가 영역으로 형성된다. 계획은 예전의 플랫폼 길이의 거의 두 배에 가깝고 새로운 고속기차를 수용할 수 있는 200미터 길이의 플랫폼이 가능하도록 바깥쪽으로 아치형태 막의 지붕을 연장함으로써 향후 확장이 가능하도록 한다.

기념식에 참가한 노먼 포스터는, "우리의 드레스덴역 재건축은 우리 시대의 방법을 통하여 19세기 본연의 것으로의 진정한 축복을 의미한다. 극적인 지붕구조는 기존의 아치들 위에 안정적으로 설계되었는데 특히, 자연채광이 자연스레 흘러들도록 하면서 에너지 소비를 줄이는 동시에 21세기를 위한 역으로 다시 창조되었다." 라고 하였다.

이 계획은 드레스덴의 800주년 기념으로 2006년에 완성되었다.

The redevelopment of Dresden Station, with its' striking new 30,000-square-metre translucent roof, has been officially opened. One of the most impressive nineteenth-century railways termini in Europe and one of the very few major buildings to survive the air raid of 1945, the station's original structure has been exposed and restored to its former grandeur. The teflon-coated glass fibre skin allows daylight to flood the station, significantly reducing the energy demands of artificial lighting. At night, light reflects off the underside of the roof canopy, creating an even wash of illumination, while from outside the whole structure radiates an ethereal silvery glow. Part of a wider masterplan to revive the surrounding area, the project includes the restoration of the historic reception building containing the Travel Centre, shops and restaurants.

Dresden Station was built in 1898 to a design by Ernst Giese and Paul Weidner. Severely damaged during World War II, it deteriorated further due to poor maintenance in the post-war period. The original roof was partially glazed, but after the war it was covered with timber, admitting little daylight. Faced with this crumbling structure, Foster and Partners removed various additions and alterations made to the building over the last hundred years in order to restore the integrity of the original design. The new roof is supported by the nineteenth-century station arches, with only minimal reinforcement, drawing attention to the fine detailing of the existing structure.

Like a grand basilica, the reception building contains a cruciform arcade, crowned by a 34-metre high square glass cupola. Previously hidden, the dome's glazing has been replaced and a new movable transparent foil cushion beneath it allows light to fill the space and facilitates natural ventilation. Historic waiting rooms form a Travel Centre and restaurant area, with shops lining the arches of the arcade. Circulation within and through the station has been rationalised. Design allows for the future expansion of the station by extending the barrel-vaulted membrane roof over the outer platforms by 200 metres, providing a cover for the new high-speed trains, which are almost twice the length of the old platforms.

Attending the ceremony Lord Foster said: "Our redevelopment of Dresden Station represents a true celebration of the 19th century original through the means of our times. The dramatic roof structure has been specially engineered to rest comfortably on the original station arches - revealing the fine historic detailing while flooding the space below with natural light, reducing energy consumption and reinventing the station for the 21st century."

The project has been completed in time for the 2006 800th anniversary of Dresden.

Foster + Partners

NACHTBAR
CONRAD
CONRAD
DVB

site plan

Gemüse

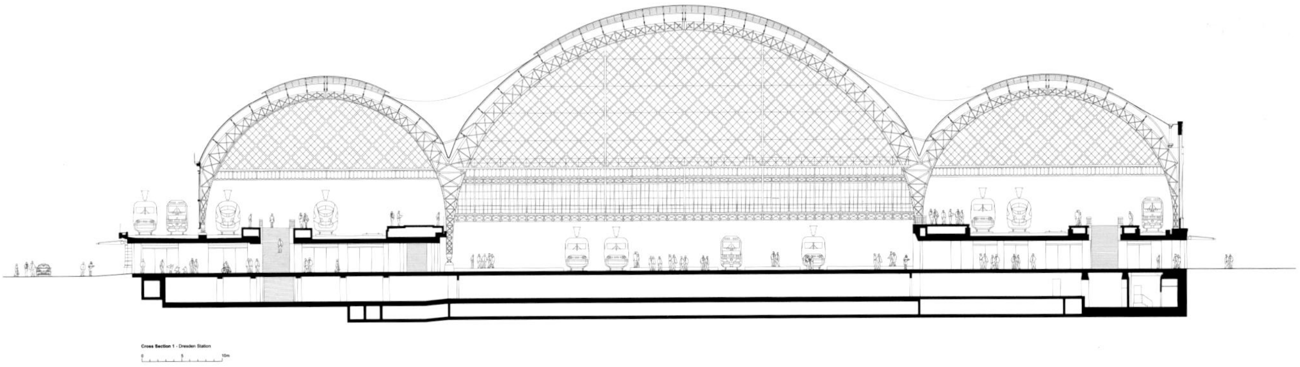

cross section 1

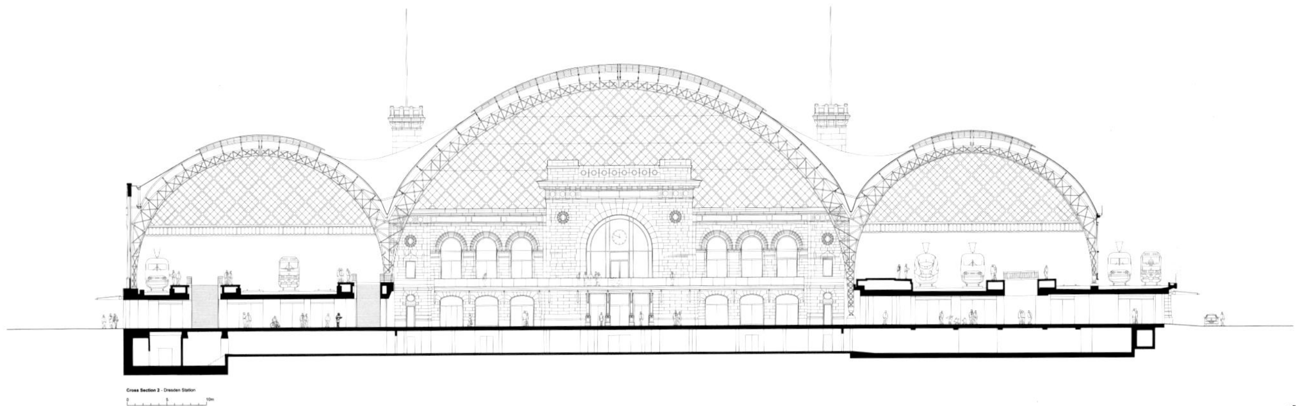

cross section 2

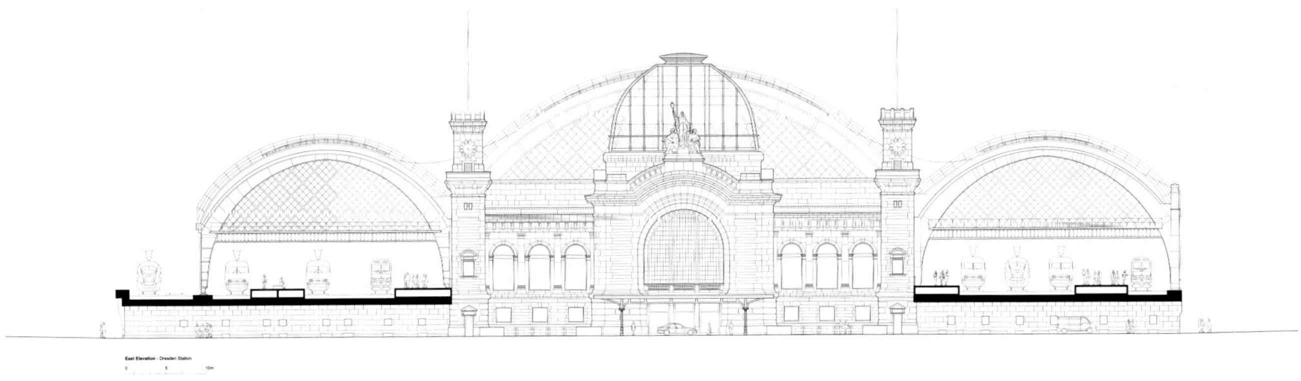

elevation

Dresden, Germany
Forster + Partners
1997-2006

Historic station

- Historic station opened in 1898
- Original design by Giese & Weidner
- North/south elevation 240m long
- East/west elevation 122m long
- Centre hall iron arches span 59m, 32m high
- North/south hall iron arches span 31/32m, 19m high
- Reception Building Area 4,500m^2

New design - Platform Halls

- 29,000m^2 membrane roof, area covered by roof 24,500m^2
- Glass fibre fabric, teflon coated
- 67 skylights
- Refurbishment was carried out while trains were running
- Movable working platforms were used with scaffolding on top

New design - Reception Building

- Historic, cruciform arcade to be reconstructed (central concourse 70m long, intersecting concourse 50m long), 34 metre-high glass dome to be reinstated above the crossing-point of the two concourses
- Historic 400m^2 waiting rooms converted into Travel Centre and Market Hall with contemporary roofs
- Retail facilities are located in the arcade
- Mainly natural stone (from the mountains near the Elbe river)
- The same materials were used as those in the Frauenkirche
- 15mØ movable ETFE foil cushion below glazed dome

Dresden Station Redevelopment

Dresden, Germany
Forster + Partners
1997-2006

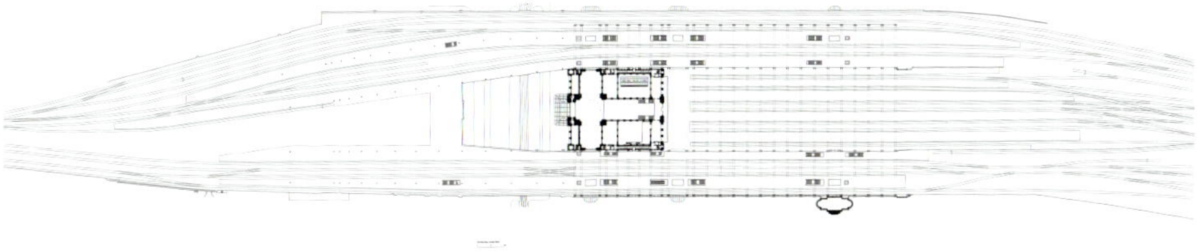

first floor plan

구조: 드레스덴 기차역 복원 프로젝트에서 가장 핵심이 되었던 점은 지붕을 대체함으로써 19세기 기차역에 더 많은 빛을 끌어들이는 것이다. 이 프로젝트의 구조디자인을 담당했던 뷰로 하폴드(Buro Happold)는 19세기에 지어진 기차역의 구조체에 과도한 힘을 전달하지 않으면서 155년간 보존된 강철 아치 위로 패브릭(fabric)소재의 지붕을 도입하였다. 기존의 불투명한 피복을 대신하여 30,000m^2에 달하는 반투명 PTFE 코팅의 유리 섬유 지붕이 만들어지면서 역내 대공간이 빛으로 가득 채워지게 되었다. 막구조(membrane)로 된 지붕은 기존 구조나 재래식 대체 재료보다 훨씬 가벼울 뿐만 아니라, 기존의 철골 아치를 재사용할 수 있는 장점을 가지고 있다. 유리섬유를 활용한 디자인은 실제모델링, 형태 탐구 과정과 자체 개발한 텐실(Tensyl)이라 불리는 소프트웨어를 활용하면서 실현되었다. 기존의 아치에 추가 응력이 가해지는 것을 방지하고, 멤브레인 부재의 응력을 저항하도록 임시 가설 작업이 필요하였다. 기존의 강철 부재에 대한 재료시험에서 2차 대전 당시에 입은 손상으로 비롯된 상당한 구조적 약점이 발견되었기 때문에, 보수가 끝난 강철 부재를 통해서 패브릭 부재에서 기초로 응력을 이동시켜야 했다. 이 작업은 부재에서 기존 강철 아치의 정점으로 보조 구조체를 세움으로써 가능하였다. 약한 아치 부재들은 수평 힘에 대한 저항력이 거의 없어서 세로 측의 응력은 강화된 지주의 끝부분으로 이동시켜야만 했다. 이것은 변형구조의 일환으로 10미터 너비 트러스처럼 작용하게 된다. 구조체의 붕괴 상황같은 천재지변적 상황에 견딜 수 있도록 패브릭재 하부에 추가 케이블들이 전반적인 안정성을 유지하도록 하였다.

전체 개선 작업은 지붕 하부 케이블 설치, 기존 강철 부재와 기초의 보수, 보조 부재와 더불어 새로운 지붕 강철 부재의 건립, 그리고 지붕에 조명, 배수관과 낙뢰방지장치의 설치에 중점을 두었다.

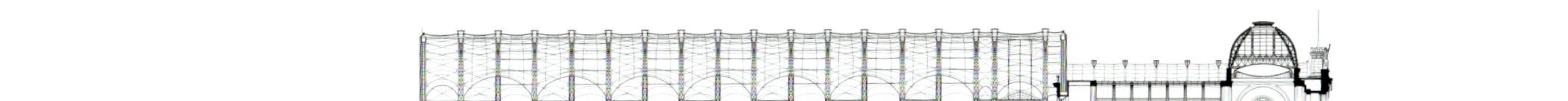

longitudinal section

Function: Station

Total floor area: $60,000m^2$

Architect: Keith Brewis, Mark Middleton, Neil Stonell, Jason Embley

Client: Deutsche Bahn AG Station & Service

Structural engineer: Winward Structures

Photographer: Grimshaw

Southern Cross Station

Melbourne, Australia
Grimshaw
2002-2006

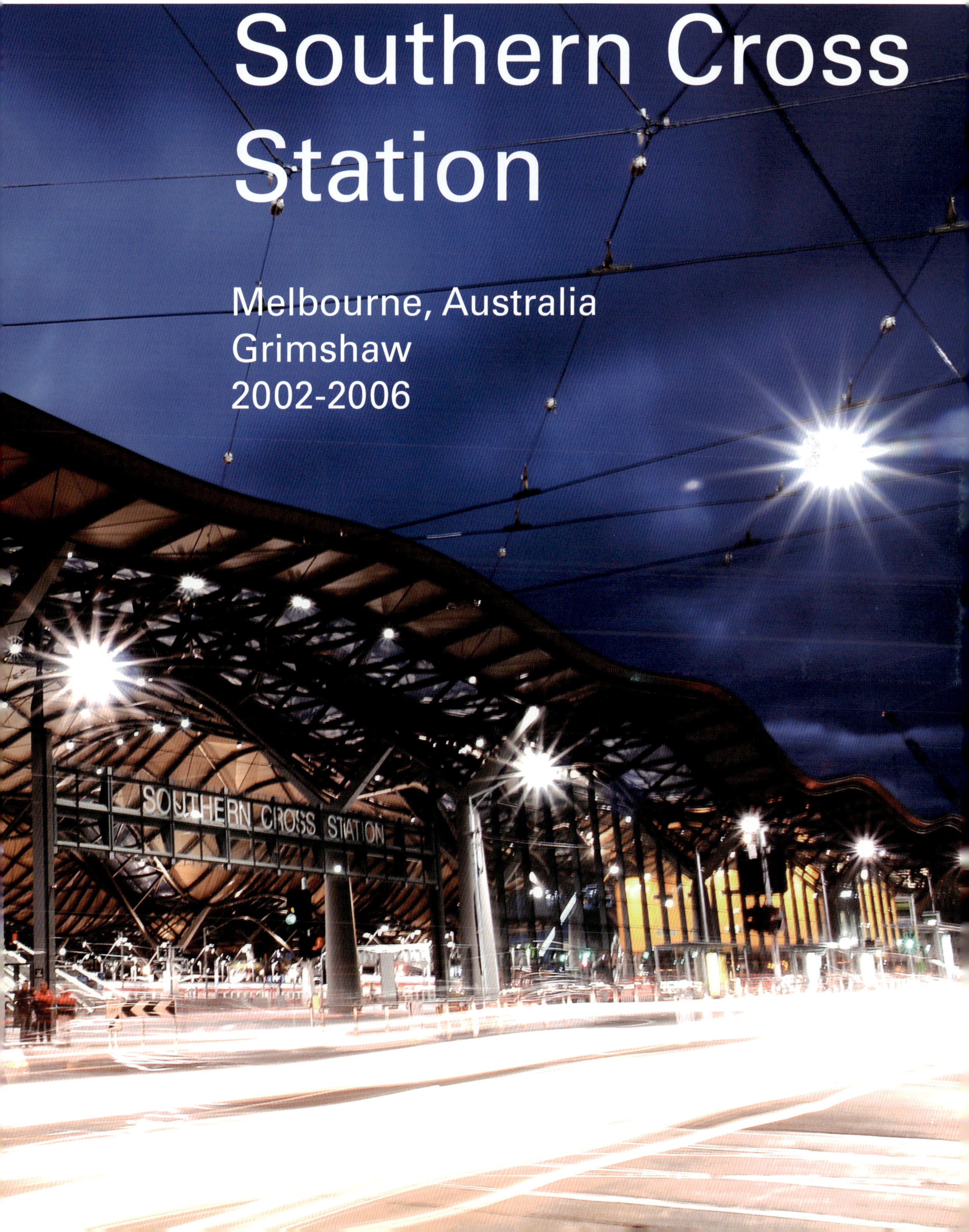

멜버른(Melbourne)에 위치한 사우던 크로스 역(Southern Cross Station)은 세계적 수준의 교통의 요지로서 새로운 랜드마크가 되기 위한 스팬서 스트리트 역(Spencer Street Station)의 재개발계획이다.
그림쇼(Grimshaw)는 시 차원의 넥서스 컨소시엄(Civic Nexus consortium) 안에서 다릴 잭슨 건축사무소(Daryl Jackson Architects)와 협력으로 기존 역사의 시설 확장과 재건을 담당하였다. 시 차원의 넥서스 컨소시엄은 프로젝트 진행을 위한 디자인과 건설에 요구되는 모든 자금을 지급하는 호주 ABN Amro와 교통시설 부문에 풍부한 경험을 가진 레이톤(Leighton) 건설회사가 이끌고 있다. 사우던 크로스 역(Southern Cross Station)은 주변 지역의 재생을 도우며 항구지역 발전의 성공을 도모할 것이다.
사우던 크로스 역은 멜버른(Melbourne)에서 지역과 지역을 연결하는 철도와 버스노선을 운행하고 있는 유일한 역이며, 이제 새로운 장거리 버스와 버스 터미널, 택시 탑승소를 편입할 것이다. 새로운 역은 기존의 역할을 모두 담당할 뿐 아니라 향후 증가에 대한 예상 정도와 잠재적 철도 서비스(초고속 열차)를 포함하고 있다. 계획안은 새로운 에스컬레이터, 매표소, 보행로, 승객용 라운지, 화물 접수 장소와 멀티미디어 정보 표시 시스템을 포함하고 있다. 상점과 사무소 시설은 향후 역사의 확장이 가능한 주요 공공 홀에 자리하게 된다.
시내와 시 외곽의 교통 합류는 역사의 가장자리 주변으로 계획되며 주변 도로와 직접 연결된다. 역은 도시의 비즈니스 중심지구와 발전하고 있는 도크랜드(Docklands) 지역 사이에 위치한다. 멜버른시 도로망의 서쪽 도크랜드로의 향한 확장은 역을 도시의 구획된 부분들과 연결한다.
이번 디자인은 19세기 거대한 철도역에 대한 현대의 재해석이다. 디자인 상의 가장 중요한 특징은 장대한 지붕과 광활한 홀이다. 한 지붕으로 아래에 지어진 역 전체가 각 출입구에서 눈에 띈다. 지붕의 형태는 두 지배적인 바람의 방향이 자연적으로 내부 공간을 통과한다. 정점에서 형성되는 돔 구조는 '물결치는 담요(undulating blanket)'모양을 형성하면서, 지붕 하부는 지붕을 지지하며 두 방향 아치 시스템을 갖춘 관으로 된 철재 망 구조를 하고 있다. 역사의 실내는 향상된 구조적 지지 시스템을 갖추어 높고 밝으며 투명하다.
전체 계획은 도시의 두 개 블록(10.2헥타르) 정도의 대지를 점유한다. 또한, 사우던 크로스역 재개발은 교통의 통과 시설(그리고 노선과 신호체계를 통합한)과 중심 업무 지구의 서쪽 지구를 대상으로 하는 사무소 건물과 상점 플라자를 포함하고 있으며, 새로운 재생 지구를 위한 새로운 상업시설을 만드는데 초점을 맞추고 있다.

Southern Cross Station is the redevelopment of Spencer Street Station into a world-class interchange and a new landmark for Melbourne.
Grimshaw is responsible for the reorganisation and expansion of the existing station in partnership with Daryl Jackson Architects, within the Civic Nexus consortium. The Civic Nexus consortium is led by ABN AMRO Australia Limited, which has underwritten all funds required to design and construct the project, and Leighton Contractors who have extensive experience in the transport infrastructure sector. Southern Cross Station will help to regenerate the surrounding area and promote the success of the emerging docklands development.
Southern Cross Station is the only station on Melbourne's City Loop to service regional and interstate rail and bus connections and it will incorporate a new coach and bus terminal and a taxi rank. The new station will handle all existing rail operations, as well as the anticipated level of demand-led growth and potential new rail services(such as the Fast Rail Link). The scheme includes new escalators, ticket barriers, walkways, passenger lounges, baggage check-in areas and multi-media information display systems. Shops and offices occupy pods that lie above the main public concourse, allowing for possible future expansion of the station.
The intercity and suburban concourses are planned around the station's fringe and connect directly to the surrounding roads. The station sits between the central business district of the city and the developing Docklands area. Extensions of the Melbourne city grid westwards toward the docklands link the station to these fragmented parts of the city.
The design is a contemporary reinterpretation of the great rail 'sheds' of the nineteenth century. Its principal features are the spectacular roof and the grand arrivals hall. The entire station, housed under one roof space, is visible from each entrance. The two major prevailing winds that cut across the roof provide natural ventilation for the statioan. Offset domes with louvres at the apex create an 'undulating blanket' - the underside of the roof forms the backdrop to the tubular steel mesh that supports it, and bears upon a two-way spanning arch system. The station enclosure is tall, light and transparent with a high quality, structural support system.
The entire Civic Nexus redevelopment occupies a site equivalent to two city blocks(10.2 hectares). As well as the transport interchange (and associated track and signalling works), it includes an office building and a retail plaza serving the central business district's west end, creating a new commercial focus for this regenerated area.
Grimshaw

Melbourne, Australia
Grimshaw
2002-2006

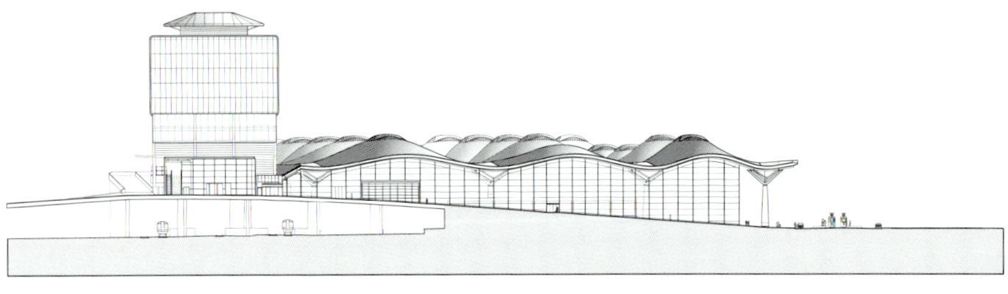

section

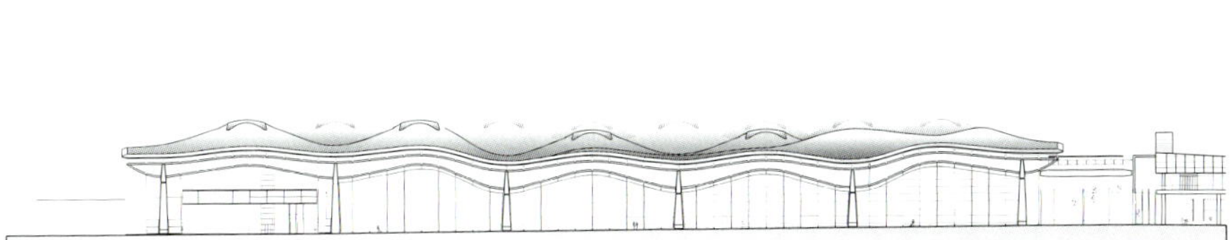

elevation

13
PL 11
UPFIELD
BROADMEADOWS
SYDENHAM
WERRIBEE

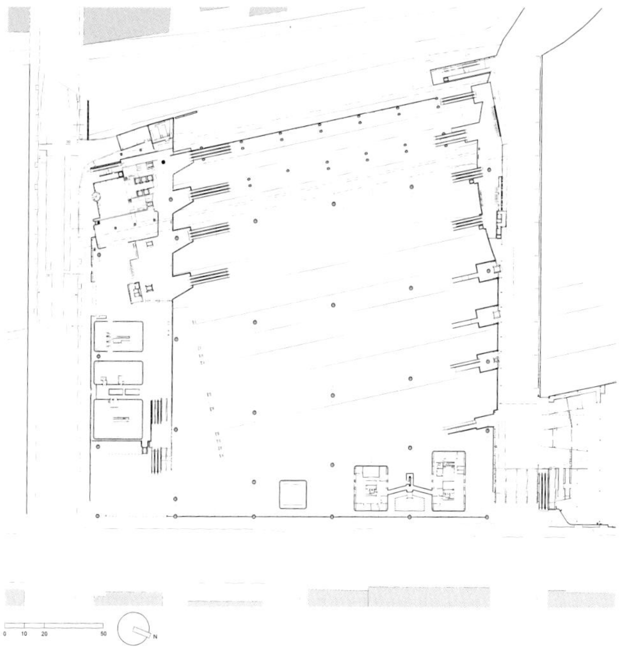

level 1

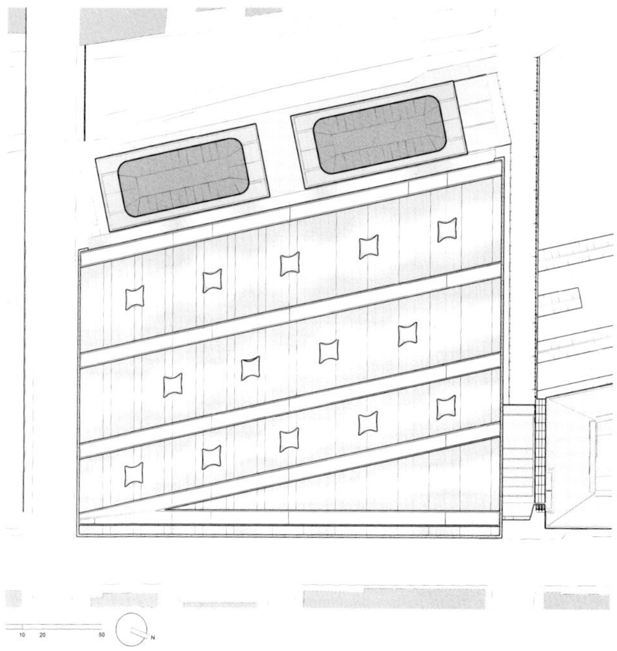

roof plan

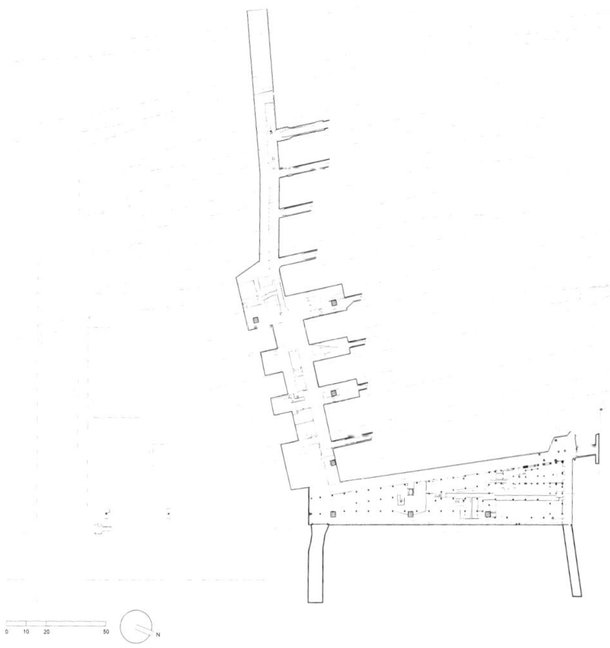

basement plan

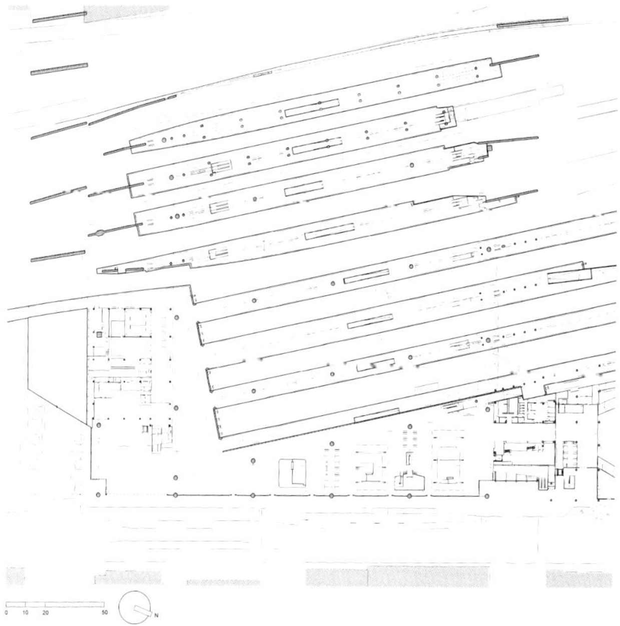

level 0

Access to
Spencer Street
& Bourke Street
Way Out to Collins St
Way Out to Spencer St
Station Management
Meeting Point
Trams
Platforms 2 to 16
Information
Shops
Passenger Lounge

ourke St. Bridge

VISIT ARCHITECTS WEBSITE:

CONCERETE

Mercedes Benz Museum /	UN studio /	www.unstudio.com
BMW Central Building /	Zaha Hadid Architects /	www.zaha-hadid.com
Torre Cube /	Estudio Carme Pinos /	www.pinos.com
Housing Villaverde /	David Chipperfield Architects /	www.davidchipperfield.com
Magma Arte & Congresos Tenerife Sur /	AMP architectos /	www.amparquitectos.com

GLASS

Collaboration Old and New by Steven Holl

Higgins Hall /	Steven Holl Architects /	www.stevenholl.com
Nelson-Atkins Museum of Art /	Steven Holl Architects /	www.stevenholl.com

Chipperfiled Stands in the Iowa

Des Moines Public Library /	David Chipperfield Architects /	www.davidchipperfield.com
Figge Art Museum /	David Chipperfield Architects /	www.davidchipperfield.com
Palestra OFFICE /	SMC Alsop /	www.alsoparchitects.com

STEEL

Gateway to the World

Suvarnabhumi International Airport /	Murphy/Jahn /	www.murphyjahn.com
Madrid Barajas Airport /	Richard Rogers Partnership /	www.rrp.co.uk

Transport Redevelopment for the Future

Dresden Station Redevelopment /	Forster + Partners /	www.fosterandpartners.com
Southern Cross Station /	Grimshaw /	www.grimshaw-architects.com